AF458041

OE 541

ÉLEMENTS

DE

L'ART DE LA TEINTURE.

CR HST
VIe SECTION des HAUTES ÉTUDES
C. R. H. S. T.
BIBLIOTHÈQUE
N° d'Inv. 5299

ÉLÉMENTS

DE

L'ART DE LA TEINTURE,

Avec une description du blanchîment par l'acide muriatique oxigéné.

SECONDE ÉDITION,

REVUE, CORRIGÉE ET AUGMENTÉE, AVEC DEUX PLANCHES,

PAR C. L. et A. B. BERTHOLLET.

TOME SECOND.

Roust. OE 541

A PARIS,

RUE DE THIONVILLE, Nos. 116 ET 1850,

Chez FIRMIN DIDOT, Libraire pour les Mathématiques, l'Architecture, la Marine, et les Éditions stéréotypes.

AN XIII. (1804.)

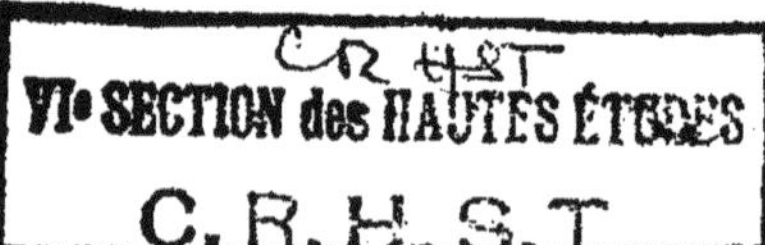
VIe SECTION des HAUTES ÉTUDES
C.R.H.S.T

ÉLÉMENTS
DE
L'ART DE LA TEINTURE.

SECONDE PARTIE.
DES PROCÉDÉS DE L'ART.

PREMIERE SECTION.
DU NOIR.

CHAPITRE PREMIER.
Des procédés de la teinture en noir.

On ne connaît qu'un petit nombre de substances qui puissent donner par elles-mêmes un noir solide, et on ne les a éprouvées que sur le lin et le coton. Le suc de la noix d'acajou ou *anacardium* des Indes, communique une couleur noire, qui résiste non seulement au lavage, mais même à l'ébullition avec du savon et aux lessives alcalines. On l'emploie pour marquer le linge. L'*anacardium occidentale* donne aussi une couleur durable, mais elle n'est que brunâtre.

Le *toxicodendron* a un suc qui produit à-peu-près le même effet. Le suc des tiges du houblon donne une couleur rouge brunâtre, très durable. Le jus de prunelle donne une teinte pâle tirant snr le brun, qui, lavée plusieurs fois avec le savon, et humectée ensuite d'une dissolution d'alcali, devient d'un brun plus foncé. En fesant cuire les prunelles, leur suc devient rouge, et la teinture rouge qu'il donne au linge, se change, quand on le lave avec le savon, en une couleur bleuâtre qui est de durée (1).

Selon Linneus (2), le jus des baies de l'*œctea spicata* ou *cristophoriana*, fait une encre noire avec l'alun; et les baies de l'*impetrum procumbens* ou l'*erica baccifera nigra*, produisent avec l'alun une couleur noire tirant sur le pourpre.

Il croît au Brésil un arbre que les botanistes appellent *pomifera indica tinctoria* ou *genipa americana*, et dont les baies et les feuilles teignent en un bleu noir qui résiste à l'action du savon.

(1) Lewis Exp. Phys. et Chym., tom. II.

(2) Amœnitates acad.

Les moyens d'obtenir une couleur noire qu'on vient d'indiquer, ne peuvent être employés en teinture, parce que les substances dont on la retire ne peuvent être recueillies en assez grande quantité pour les besoins de l'art, et parce que le noir qu'elles donnent ne peut être comparé à celui qu'on forme en teinture. Tout le noir des teintures est donc dû à une combinaison artificielle. On fixe sur les étoffes les molécules noires, qui se forment par l'union du principe astringent ou d'une autre substance colorante, et de l'oxide de fer. Nous allons présenter les principaux procédés par lesquels on exécute cette opération avec les différentes étoffes.

Selon le procédé qu'a décrit Hellot (1), pour teindre le drap de laine en noir, il doit avoir reçu le bleu le plus foncé ou bleu pers, avoir été lavé à la rivière aussitôt qu'il est sorti de la cuve, et ensuite dégorgé au foulon.

Pour cinquante kilogrammes d'étoffe, on met, dans une chaudière de moyenne grandeur, huit kilogrammes de bois d'Inde et autant de noix de galle d'Alep pulvérisée, le tout renfermé dans un sac qu'on fait bouillir pendant douze heures dans une suffisante quantité d'eau. On transporte le tiers de ce bain dans une autre chaudière avec un kilogramme de vert-de-gris, et on y passe l'étoffe

(1) L'Art de la Teinture en laine, etc.

en la remuant, sans discontinuer, pendant deux heures, observant de tenir le bain très-chaud sans bouillir. On lève ensuite l'étoffe, on ajoute dans la chaudière le second tiers du bain, avec quatre kilogrammes de vitriol ou sulfate de fer; il faut diminuer le feu, laisser fondre le sulfate, et rafraîchir le bain pendant une demi-heure, après quoi on y met l'étoffe, qu'on promène bien pendant une heure, et qu'on lève ensuite pour l'éventer. Enfin on prend le dernier tiers du bain qu'on ajoute aux deux autres, ayant soin de bien exprimer le sac. On y met 8 à 10 kilogr. de sumac; on fait jeter un bouillon à ce bain, puis on le rafraîchit avec un peu d'eau froide; on y jette encore un kilogramme de sulfate de fer, et on y passe l'étoffe pendant une heure. On la lave ensuite, on l'évente, et on la met de nouveau dans la chaudière, en la remuant toujours pendant une heure. Après cela on la porte à la rivière, on la lave bien et on la fait dégorger au foulon. Lorsque l'eau en sort claire, on prépare un bain avec la gaude, qu'on fait bouillir un instant, et après avoir rafraîchi le bain, on y passe l'étoffe pour l'adoucir et pour assurer davantage le noir. De cette manière on obtient un très-beau noir sans que l'étoffe soit trop desséchée.

Ordinairement l'on fait usage de procédés plus simples; ainsi l'on passe simplement le drap bleu sur un bain de noix de galle où on le fait bouillir deux heures; on le passe ensuite dans un bain de bois d'Inde et de sulfate de fer pendant deux heures sans faire bouillir, après quoi on le lave et on le dégorge au foulon.

Hellot a éprouvé qu'on pouvait teindre de la manière suivante. Pour 18 mètres de drap bleu pers, on fait un bain de 0,75 kilogrammes de bois jaune, 2 kilogrammes de bois d'Inde et 5 kilogrammes de sumac. Après y avoir fait bouillir le drap pendant trois heures, on le lève, on jette 5 kilogrammes de sulfate de fer dans la chaudière, et on y passe le drap pendant deux heures; on l'évente ensuite et on le remet dans le bain pendant une heure; enfin on le lave et on le dégorge. Le noir est moins velouté que le précédent. Des épreuves lui ont appris que le garançage prescrit par l'ancien reglement, ne fait que donner un œil rougeâtre au noir, et qu'on l'obtient plus beau et plus velouté sans garance.

On peut aussi teindre en noir sans avoir donné un pied de bleu; on se sert même de cette méthode pour les draps de peu de valeur; alors on les *racine*, c'est-à-dire qu'on leur donne un pied de fauve avec le brou de noix ou la racine de noyer, ensuite on les noircit de la manière prescrite ci-dessus ou de quelque autre; car il est facile d'apercevoir qu'on peut obtenir le noir par plusieurs procédés.

Les proportions que, selon Lewis, les teinturiers anglais suivent le plus généralement, sont pour 50 kilogrammes de drap de laine teint d'abord en bleu foncé, environ 2,5 kilogrammes de sulfate de fer, autant de noix de galle, et 15 kilogrammes de campêche. Ils commencent par engaller le drap, ensuite ils le passent dans la décoction de campêche à laquelle ils ont ajouté le sulfate de fer.

Quand le drap est complètement teint, on le lave dans une rivière et on le passe dans le moulin à foulon jusqu'à ce que l'eau en sorte claire et sans couleur; quelques uns recommandent, pour les draps fins, de les fouler avec l'eau de savon : cette opération demande un ouvrier expérimenté, qui dégorge bien le drap du savon. Plusieurs recommandent, au sortir du foulon, de passer le drap dans un bain de gaude, dans la vue de lui donner de la douceur, et en même tems de consolider le noir. Lewis dit que le passage du drap par la gaude, après avoir été traité avec le savon, est absolument inutile, quoiqu'il soit avantageux quand on n'a pas fait cette opération.

On lit dans les mémoires de Stockholm pour l'année 1753, qu'on peut substituer à la noix de galle l'*uva ursi*, cueilli en automne et séché avec soin, afin que ses feuilles restent vertes. On fait bouillir pendant deux heures, 50 kilogrammes de laine, avec 8 kilogrammes de sulfate de fer et autant de tartre; on rince le drap le jour suivant, comme après l'alunage; on fait bouillir ensuite dans l'eau pendant deux heures, 75 kilogrammes d'uva ursi; après l'avoir ôtée, on y met un peu de garance et on y trempe le drap en même tems; on l'y laisse une heure et demie ou une heure trois quarts, et ensuite on le rince dans l'eau. Lewis observe que cette manière de teindre, donne un assez bon noir sur le drap bleu, mais seulement un brun foncé sur le drap blanc, et que la garance et le tartre y sont inutiles. L'uva ursi précipite le sulfate de fer en grosses molécules noires qui se dispersent dans l'eau.

On peut distinguer différentes opérations dans la teinture de la soie en noir; la cuite de la soie, son engallage, la préparation du bain, l'opération de la teinture, l'adoucissage du noir.

La soie, comme on l'a vu, part. Ire., contient naturellement une substance que l'on appelle sa gomme, et qui lui donne la roideur et l'élasticité qu'on remarque lorsqu'elle est dans son état naturel; mais elle n'ajoute point à la force de la soie, qui est alors ce qu'on appelle de la soie *crue*, bien plus, elle la rend plus sujette à s'user par la roideur qu'elle lui communique; et quoique la soie crue prenne plus facilement la couleur noire, cependant le noir en est moins parfait pour l'intensité, et il résiste beaucoup moins aux réactifs qui sont propres à dissoudre les parties colorantes, que la soie qui a été décreusée ou dépouillée de sa gomme.

Pour décreuser la soie destinée au noir, on la fait bouillir ordinairement quatre ou cinq heures avec le cinquième de son poids de savon blanc; après cela on la bat et on la lave avec soin.

Pour l'engallage, on fait bouillir pendant trois ou quatre heures la noix de galle, dont il faut à-peu-près les trois quarts du poids de la soie; mais vu le prix de la noix de galle d'Alep, on y mêle plus ou moins de noix de galle blanche, ou même d'une espèce inférieure qu'on appelle *galon*. La proportion dont on se sert ordinairement à Paris est de deux parties de noix de galle d'Alep sur huit à dix parties de galon. Après l'ébullition on laisse la noix de galle se déposer pendant environ deux heures; on plonge la soie dans le bain, et on l'y laisse depuis douze jusqu'à trente-six heures; après quoi on la retire et on la lave à la rivière.

La soie est susceptible de se combiner avec des quantités plus ou moins grandes de principe astringent, d'où résulte une augmentation considérable de poids, non seulement par le poids du principe astringent, mais aussi par celui des parties colorantes qui s'y fixent ensuite en raison de la quantité du principe astringent qui s'y trouve combiné: en conséquence on varie les procédés selon le poids plus ou moins considérable que l'on veut communiquer à la soie ; ce qui exige quelques éclaircissements.

Le commerce des étoffes de soie se fait de deux manières : elles se vendent ou en raison du poids ou en raison de la surface, c'est-à-dire à la mesure ; c'est ce qui distinguait autrefois le commerce de Tours et celui de Lyon ; à Tours on vendait au poids, et à Lyon à la mesure. L'on avait donc intérêt de surcharger le poids à Tours, et au contraire à Lyon on avait intérêt à épargner les ingrédients de teinture ; de là est venue la distinction du noir léger et du noir pesant. Aujourd'hui on teint des deux manières à Lyon, parce qu'on y a adopté les deux modes de commerce.

La soie perd à-peu-près le quart de son poids par une cuite complète, et elle reprend dans la teinture en noir léger la moitié de cette perte : mais dans le noir pesant, elle prend quelquefois au de-là d'un cinquième de son poids primitif, et cette surcharge est nuisible à la beauté du noir et à la solidité de l'étoffe. L'on désigne sous le nom de noir anglais, celui qui est très-surchargé, parce qu'on prétend que c'est d'Angleterre qu'il nous est venu. Comme la soie qui est teinte avec une grande surcharge n'a pas un beau noir, on la destine ordinairement à la trame que l'on recouvre d'une chaîne teinte en beau noir.

La différence du procédé pour obtenir le noir pesant consiste à laisser la soie plus long-temps dans l'engallage, à le répéter, à passer un plus grand nombre de fois la soie dans la teinture et même à l'y laisser séjourner. Le premier engallage se fait ordinairement avec une noix de galle qui a servi dans une opération précédente, et l'on emploie de la nouvelle pour le second : mais ces moyens ne suffiraient pas pour donner une grande surcharge, telle qu'elle se trouve dans le noir anglais; pour luidonner ce poids on engalle la soie sans la décreuser; et au sortir de l'engallage, on l'assouplit par le moyen des chevillages.

Les teinturiers en soie conservent une cuve pour le noir, et sa composition très-compliquée varie dans les différents atteliers : ces cuves sont ordinairement établies depuis longues années, et lorsque la teinture noire s'y épuise, on la renouvelle par ce qu'on appelle un brevet. Lorsque le dépôt qui s'y accumule est trop considérable, on le retire, de sorte qu'au bout de quelque temps, il ne reste plus rien de plusieurs ingrédients qui entraient dans le bain primitif, mais qui ne sont pas employés dans le brevet. On peut voir dans l'ouvrage de Macquer (1), la description d'un bain et d'un brevêt de cette espèce : on y fait entrer de la graine de fenu-grec, de psyllium, de cumin, la coloquinte, les baies de nerprun, d'agaric, le nitre, le muriate d'ammoniaque, le

(1) Art de la Teinture en soie.

sel gemme, la litarge, l'antimoine, la mine de plomb, l'orpiment, le muriate de mercure corrosif, etc. Macquer convient qu'il y a beaucoup d'ingrédients inutiles dans ce procédé, et effectivement il y en a plusieurs qu'on n'y fait plus entrer ; mais les compositions non seulement de chaque pays, mais de chaque atelier, sont différentes.

Ordinairement on ajoute au bain de teinture, de la limaille de fer ; mais quelques teinturiers, particulièrement à Tours, y substituent *la moulée*, ou le détriment des meules qui servent à aiguiser ; cette moulée n'agit probablement que par les parties de fer qu'elle contient et qui s'y trouvent très-divisées.

Pendant qu'on finit de disposer les soies à la teinture, on échauffe le bain, ayant soin de remuer de temps en temps, pour que le marc qui est au fond ne prenne pas trop de chaleur : ce bain ne doit jamais être amené jusqu'à l'ébullition ; l'on y ajoute plus ou moins de gomme et de dissolution de fer, suivant les différents procédés, et quand on juge que la gomme est dissoute et que le bain est parvenu à un degré voisin de l'ébullition, on le laisse reposer pendant environ une heure, ensuite on y plonge les soies, qu'on divise ordinairement en trois parties pour les mettre successivement dans le bain. Chaque partie est légèrement torse trois fois, et mise à éventer chaque fois. Le but de cette opération est d'exprimer la liqueur dont la soie est imprégnée, et qui s'est epuisée, pour y en faire pénétrer de la nouvelle, mais sur-tout d'exposer la soie à l'influence de l'air, qui fonce le noir.

Après que chaque partie de la soie a éprouvé trois torses, on est obligé de réchauffer le bain, en y remettant de la gomme et du sulfate de fer, comme la première fois; et l'opératiou qui se fait dans l'intervalle d'un réchauffement à l'autre constitue ce qu'on appelle un *feu*. On ne donne que deux feux pour le noir léger; mais on en donne trois pour le noir pesant, et même les teinturiers laissent séjourner la soie dans le bain après le dernier feu, pendant environ douze heures. On teint ordinairemeut 30 kilogrammes de soie dans une opération, ce qu'on appelle *une chaudée*. Si l'on ne teint que la moitié de cette quantité, l'on n'a besoin que d'un feu pour le noir léger.

L'opération de la teinture étant achevée, on met de l'eau froide dans une barque, et on y *disbrode* la soie en la lisant.

La soie, en sortant de la teinture en noir, a beaucoup d'âpreté; l'opération par laquelle on l'en dépouille, est ce qu'on appelle l'*adoucissage*: on verse dans un grand vaisseau rempli d'eau la dissolution de 2 à 2,5 kilogrammes de savon pour 50 kilogr. de soie; on y coule la dissolution de savon à travers une toile; on mêle bien cette dissolution; on y met les soies; on les y laisse pendant environ un quart d'heure ; après cela on les tord et on les fait sécher.

Pour teindre en noir la soie crue, on l'engalle à froid sur le bain de noix de galle qui a déjà servi pour le noir en soie cuite. On choisit pour cet objet la soie qui a son jaune naturel. Il faut remarquer que lorsqu'on veut conserver une partie de la gomme de la soie que l'on assouplit ensuite, on fait l'engallage avec le bain de noix de galle chaud à la manière ordinaire : mais ici où l'on veut conserver toute la gomme de la soie et l'élasticité qu'elle lui communique, on ne fait l'engallage qu'à froid : si l'engallage est faible, on y laisse la soie plusieurs jours.

La soie ainsi préparée et lavée, prend très-facilement la teinture noire, et la *disbrodure* à laquelle on peut ajouter du sulfate de fer, suffit pour la lui communiquer. Cette teinture se fait à froid ; mais suivant le plus ou le moins de force de la disbrodure, elle exige plus ou moins de temps. Il faut quelquefois trois ou quatre jours ; après cela on la lave en lui donnant une ou deux battures, et on la fait sécher sans la tordre pour ne pas l'amollir.

On peut teindre sur crud avec plus de promptitude, en lisant la soie dans le bain froid après l'engallage, en l'éventant et en répétant quelquefois ces manœuvres ; après cela on la lave et on la sèche comme on a dit.

Macquer décrit un procédé plus simple pour le noir dont on teint les velours à Gênes, et il dit que ce procédé, rendu encore plus simple, a eu un succès complet à Tours : en voici la description.

Pour 50 kilogrammes de soie, on fait bouillir pendant une heure, 10 kilogrammes de noix de galle d'Alep en poudre, dans suffisante quantité d'eau ; on laisse reposer le bain jusqu'à ce que la noix de galle soit précipitée au fond de la chaudière, d'où on la retire ; après quoi on y met 15 kilogrammes de vitriol d'Angleterre, 6 kilogrammes de limaille de fer et 10 kilogrammes de gomme du pays qu'on met dans une espèce de chaudron à deux anses, troué de toutes parts. On suspend ce chaudron avec des bâtons dans la chaudière, de manière qu'il n'aille pas au fond. On laisse dissoudre la gomme pendant une heure, en la remuant de temps en temps. Si l'heure passée, il reste encore de la gomme dans le chaudron, c'est une marque que le bain, qui est de deux muids, en a pris autant qu'il faut ; si au contraire toute la gomme est dissoute, on en peut ajouter 1 à 2 kilogrammes. On laisse ce chaudron continuellement suspendu dans la chaudière, de laquelle on ne le retire que pour teindre, et on le remet ensuite. Pendant toutes ces opérations la chaudière doit être tenue chaude, mais sans bouillir. L'engallage de la soie se fait avec un tiers de noix de galle d'Alep : on y laisse la soie pendant six heures, puis pendant douze. Le reste selon l'art.

Lewis dit qu'il a répété ce procédé en petit, et qu'en ajoutant du sulfate de fer de plus en plus, et en répétant les immersions de la soie un grand nombre de fois, il a enfin obtenu un beau noir.

Le sulfate de fer parait en effet être en trop petite proportion dans le procédé décrit par Macquer; et il faut bien qu'on y ait trouvé des inconvénients, puisqu'on n'en a pas retenu l'usage à Tours. Lewis pense que la gomme est inutile, et qu'elle est toute emportée par le lavage de la soie; mais il y a apparence que s'il eût continué à teindre dans le même bain, il se serait aperçu qu'elle aurait servi à le maintenir; cependant il paraît qu'on en met un excès dans ce procédé. Il doit être avantageux sur-tout, quand on diminue la quantité de la gomme, d'ajouter par parties le sulfate de fer après chaque feu.

Lewis remarque encore que, quoiqu'on puisse teindre en bon noir sur la soie blanche, sans se servir de bois de campêche ou de vert-de-gris, l'addition de ces deux ingredients contribue beaucoup à améliorer la couleur sur la soie ainsi que sur la laine.

Le procédé de la teinture en noir sur soie, est très dispendieux par la quantité de noix de galle, dont le prix est fort augmenté. Il est donc important de chercher à diminuer cette quantité. L'on va voir un procédé qui est extrait du mémoire d'Anglès, qui a concouru pour un prix proposé en 1776 par l'académie de Lyon, et dans lequel on a cherché à remplir cet objet.

On plonge la soie cuite avec soin et lavée à la rivière dans une forte décoction de brou de noix, et on l'y laisse jusqu'à ce que la couleur du bain soit épuisée; on la retire ensuite pour la cheviller légèrement, la faire sécher, et la laver à la rivière. La décoction de brou de noix se fait par une ébullition d'un bon quart-d'heure; après quoi on retire le feu, et on laisse tomber le bouillon avant d'y plonger la soie qu'on a eu soin de tremper auparavant dans l'eau tiede: on donne le pied du bleu par le moyen du campêche et du vert-de-gris, en dissolvant dans l'eau froide un seizième de vert-de-gris relativement à la soie: on y laisse tremper celle-ci pendant deux heures, et on la passe ensuite dans une forte décoction de bois de campêche; on l'exprime légèrement, et on la sèche avant de la laver à la riviere. On peut se passer d'engallage pour le noir léger; mais il faut engaller la soie à raison de moitié de noix de galle pour obtenir un noir pesant.

Pour préparer le bain, on fait macérer dans 100 litres d'eau, à un feu doux, pendant 12 heures

heures, 1 kilogramme de noix de galle et 1,5 kilogrammes de sumac. Après que le bain est passé au clair, on y fait dissoudre 1,5 kilogrammes de sulfate de fer et autant de gomme arabique. La dissolution étant faite, on y plonge la soie à deux reprises différentes, et on l'y laisse séjourner pendant deux heures chaque fois, ayant soin, après la première immersion, de l'éventer et de la sécher avant de lui donner le second feu, après lequel on l'évente et on la sèche également; puis on lui donne deux battures à la rivière; après cela, le troisième feu de la même manière que les deux précédents, excepté qu'on la laisse 4 ou même 5 heures dans le bain. Lorsqu'elle est égouttée et séchée, on lui redonne deux battures à la rivière. Il faut avoir soin que pendant l'opération, le degré de chaleur n'excède pas le terme moyen de l'eau bouillante, ce qui répond à 40 degrés du thermomètre de Reaumur; et avant de donner les deux derniers feux, il faut ajouter 0,25 kilogrammes de sulfate de fer et autant de gomme arabique.

Pour enlever l'âpreté que la teinture noire donne à la soie, Anglês préfère la décoction de gaude à la dissolution de savon.

Il dit que le bleu d'indigo, donné à la soie avant la teinture noire, ne lui laisse prendre qu'un noir farineux, mais qu'avec le campêche et le vert-de-gris on obtient un noir vélouté : il dit aussi que le brou de noix adoucit la soie. Quoiqu'on puisse faire un beau noir avec le brou de noix et le bain qui a été décrit, il y ajoute cependant le campêche et le vert-de-gris, pour ne pas être obligé d'employer beaucoup de sulfate de fer qui atténue trop la soie; enfin il pense que la noix de galle ne sert qu'à rendre du poids à la soie, et que le sumac suffirait pour cette teinture.

Le lin et le coton prennent difficilement un noir qui soit assez foncé et qui résiste au savon, de sorte qu'on est obligé d'employer des procédés particuliers pour les teindre en noir; et jusqu'à présent on trouve peu de ces teintures qui soient suffisantes.

L'on se sert, pour teindre en noir le coton et le lin, d'une dissolution de fer qu'on tient dans un tonneau qu'on appelle *la tonne au noir*; on prépare cette dissolution, ou avec du vinaigre ou avec de la petite bière, ou de la piquette, que l'on fait aigrir avec de la farine de seigle, ou d'autres ingrédients, dans la vue d'avoir une liqueur acide au plus bas prix; on jette dans cette liqueur de la ferraille, et l'on abandonne cette dissolution pour s'en servir au besoin, ayant soin de ne pas l'employer avant six semaines ou deux mois depuis sa préparation. Souvent on ajoute à ce bain des astringents, et particulièrement la décoction d'écorce d'aune qui, lors même qu'elle est seule, a la propriété de dissoudre une quantité considérable d'oxide de fer.

Nous avons remarqué, en parlant de l'acétate de fer, qu'il convenait que ce métal y fût très-oxidé : il convient, en conséquence, de séparer la dissolution, lorsqu'elle est faite, du métal qui s'oppose à son oxigénation.

Le Pileur d'Apligny décrit (1) le procédé qu'on suit à Rouen pour les fils de lin et de coton. On les teint d'abord en bleu de ciel sur la cuve, puis on les tord et on les met au sec. On les engalle à raison d'une partie de noix de galle sur quatre de fil. On les laisse vingt-quatre heures dans l'engallage, on les tord de nouveau, et on les fait sécher.

On verse ensuite dans un baquet 10 litres environ du bain de la tonne au noir, par kilogr. de fil ; on y passe et on y travaille à la main le fil par parties un quart-d'heure ou environ ; on le tord et on le fait éventer. On répète deux autres fois cette opération, en ajoutant à chaque fois une nouvelle dose du bain noir, qui doit avoir été écumé avec soin ; on fait encore éventer le fil ; on le tord, on le lave à la rivière pour le bien dégorger, et on le fait sécher.

Pour finir de teindre le fil, on fait bouillir, pendant une heure, dans une chaudière, un

(1) L'Art de la Teinture des fils et étoffes de coton.

poids d'écorce d'aune, égal à celui du fil, avec une suffisante quantité d'eau ; on y ajoute environ moitié du bain qui a servi à l'engallage, et du sumac, à moitié du poids de l'écorce d'aune. On fait bouillir de nouveau le tout l'espace de deux heures, après lesquelles on passe ce bain au tamis. Lorsqu'il est froid, on y passe le fil sur les bâtons, et on l'y travaille parties par parties ; on l'évente de temps en temps, puis on le rabat dans le bain où on le laisse vingt-quatre heures ; on le tord et on le fait sécher.

Pour adoucir ce fil lorsqu'il est sec, on est dans l'usage de le tremper et de le travailler dans un restant de bain de gaude qui a servi à d'autres couleurs, et auquel on ajoute un peu de bois d'Inde ; on le relève et on le tord, et à l'instant on le passe dans un baquet d'eau tiède dans lequel on a versé $\frac{1}{16}$ du poids du fil, d'huile d'olive ; enfin on le tord et on le fait sécher.

Le Pileur d'Apligny décrit un procédé dans lequel il se sert aussi de la garance pour donner au fil de lin et de coton une couleur noire qu'il annonce comme très-belle et très-solide.

On commence par décreuser le fil à l'ordinaire, l'engaller, l'aluner, puis on le passe sur un bain de gaude. Au sortir de ce bain, il faut le teindre dans une décoction de bois d'Inde, à laquelle on ajoute un quart de sulfate de cuivre pour la quantité de fil. Au sortir de ce bain, on le lave à la rivière et on le tord à plusieurs reprises, sans néanmoins tordre trop fort ; enfin on le teint dans un bain fait avec une partie de garance contre deux de fil à teindre. Pour que le noir ne soit pas sujet à décharger, il faut avoir soin de passer le fil sur un bain de savon bouillant.

Wilson indique de cette manière (1) la méthode qu'on suit à Manchester. On fait un engallage avec la noix de galle ou avec le sumac, et après cela on teint avec la liqueur d'un bain, qui est une dissolution de fer dans l'acide végétal, laquelle est souvent composée d'écorce d'aune et de fer, et après cela on passe dans le jus de bois de campêche avec un peu de vert-de-gris. On répète ce procédé jusqu'à ce qu'on ait obtenu un noir foncé. Il est nécessaire de laver et de sécher entre chaque opération.

Bancroft avait annoncé que l'on employait l'acide du goudron à Manchester pour les teintures en noir du coton. Chaptal fesait usage, dans ses teintures, de l'acide pyroligneux ; mais on doit à Bosc les détails de l'opération par laquelle il a obtenu lui-même un beau noir par le moyen de cet acide (1).

(1) An Essay on light and colours and what colouring matters are that dye cotton and linen.

(2) Ann. des Arts et Manufactures, tom. V.

« Remplissez une chaudière de fonte d'acide pyroligneux ; ajoutez-y de la vieille ferraille bien oxidée, faites bouillir, la dissolution de l'oxide se fera rapidement ; lorsque le fer sera bien décapé, et que cette dissolution sera noire comme de l'encre, jetez le tout dans une tonne pour vous servir au besoin ; préparez votre coton à l'ordinaire, en lui donnant un pied de bleu : engallez ; passez les matteaux de coton sur un bain de dissolution de pyrolignite de fer étendu d'eau tiéde ; renouvelez les engallages et les passages dans le bain de pyrolignite de fer, jusqu'à ce que vous ayez obtenu un noir foncé et brillant ; finissez par passer votre coton à l'huile d'olive : cette opération est simple ; on jette sur de l'eau tiéde un peu d'huile d'olive ; on passe sur ce bain le coton ; il absorbe l'huile ; on le manie long-temps dans le bain pour étendre l'huile également. Ce procédé adoucit, assouplit le coton et lui donne beaucoup de brillant. Faites sécher à l'ombre, alors les cotons sont d'un noir parfait et très-solide ; il faut à chaque fois qu'on s'est servi du bain de pyrolignite de fer, le jeter comme inutile, et jamais n'ajouter dans la tonne les vieux bains ».

Bosc prévient que les étoffes teintes par le moyen de l'acide pyroligneux, conservent avec beaucoup de tenacité l'odeur de cet acide, et qu'il faut les laisser quelque temps exposées à l'air pour les en débarrasser, avant de les ployer et de les renfermer.

L'application de l'huile qui relève le noir, et donne de la douceur aux étoffes, se fait sur celles qui sont tissées, par exemple sur le velours de coton, par le moyen de brosses qui en sont légèrement imprégnées à leur surface.

Hermstadt (1) recommande un procédé de Vogler, qui consiste à se servir, pour mordant, d'une dissolution de nitrate de plomb, à passer ensuite l'étoffe dans une dissolution de colle-forte, et à la teindre dans un bain composé de noix de galles, de campêche et de sulfate de fer, auquel on peut substituer l'acétate.

CHAPITRE II.

Observations sur les procédés de teinture en noir.

Nous nous sommes assez étendus sur l'action réciproque des astringents et de l'oxide de fer, et sur la production des molécules qui, en se fixant sur les étoffes, les teignent en noir; mais si la théorie peut conduire à des explications satisfesantes sur cet objet en général, elle doit

(1) Grundriss der Farbekunst.

être fort réservée lorsqu'elle doit s'appliquer aux procédés de l'art : des circonstances inaperçues, des propriétés faibles en apparence, peuvent avoir assez d'influence sur les résultats, pour leur donner quelques variétés dont on ne peut rendre raison, et pour mériter la préférence à des pratiques qui ne sont encore qu'empiriques, d'autant plus que les épreuves en petit diffèrent assez par la rapidité de l'évaporation, par le dégré de chaleur, par l'action de l'air, pour ne pas craindre de conseiller des changements, dont le succès n'a pas été vérifié par les opérations en grand.

Nous nous bornons donc, dans la description des procédés, à choisir ceux auxquels l'expérience ou le nom des auteurs paraissent donner de l'autorité, et nous ne puisons dans la théorie, ou même dans nos essais, que des conseils qui peuvent guider les artistes instruits, dans l'observation et dans le perfectionnement successif des procédés dont ils font usage.

Les astringents diffèrent entre eux par la quantité du principe qui entre en combinaison avec l'oxide de fer, de sorte que les proportions du sulfate, ou d'un autre sel de fer, et celle des astringents, doivent varier selon les astringents dont on se sert, et selon leurs quantités respectives : la noix de galle est la substance qui contient le plus d'astringent ; le sumac qui paraît la suivre dans cette qualité, ne précipite cependant que la moitié autant de sulfate de fer.

La proportion de sulfate de fer la plus convenable, paraît être celle qui correspond à la quantité du principe astringent, de manière que tout le fer qui peut être précipité par l'astringent, le soit, et que tout l'astringent soit absorbé par sa combinaison avec le fer; cependant, comme il n'est pas possible de parvenir à cette précision, il est préférable que ce soit le sulfate de fer qui domine, parce que l'astringent, lorsqu'il est surabondant, s'oppose à la précipitation des parties colorantes noires, et qu'il a même la propriété de les dissoudre.

Cette action de l'astringent est telle, que si l'on fait bouillir un échantillon de drap noir avec la noix de galle, il peut être ramené au gris. On peut expliquer par là une observation de Lewis; c'est que si l'on passe à plusieurs reprises dans le bain colorant le drap, après qu'il a pris une bonne couleur noire, celle-ci, au lieu d'acquérir, s'affaiblit et devient brunâtre, et qu'une quantité trop considérable d'ingrédients produit le même effet; mais l'acide sulfurique, qui est mis en liberté par la précipitation de l'oxide de fer, concourt à cet effet.

Il n'y a que le sulfate qui est très-oxidé, qui soit décomposé par l'astringent, d'où il résulte que le sulfate doit produire un effet différent, selon son état d'oxidation, et exiger d'autres proportions. Il convient donc de suivre le conseil de Proust en l'employant dans l'état oxidé; mais alors même il n'est décomposé qu'en partie, et une autre partie est réduite par l'action de l'astringent, en sulfate peu oxidé.

Les molécules que l'on précipite par le mélange d'un astringent et du sulfate de fer, n'ont d'abord qu'une couleur foncée; mais elles passent au noir par le contact de l'air, pendant qu'elles sont humides.

On trouve dans ces observations la raison de deux pratiques que l'on observe : 1°. on ne fait pas le noir dans une seule opération; mais on interrompt la teinture, et on la partage en différentes parties : par là, le fer qui a été désoxidé peut reprendre une oxidation suffisante pour la passe suivante, et le bain qui ne pouvait plus produire d'effet, acquiert de nouveau la propriété de donner des molécules noires; 2°. on évente les étoffes pendant les repos de la teinture; par là les molécules foncent leur couleur.

Nous avons remarqué dans la partie théorique, que le noir en teinture n'était qu'une couleur très-condensée, et qu'il prenait plus d'intensité par le mélange de diverses couleurs également foncées : il est avantageux par cette raison de réunir plusieurs astringents, dont chaque combinaison produit des nuances différentes; mais le bleu paraît être la couleur la plus avantageuse pour cet effet, et il corrige la tendance au fauve que l'on remarque dans le noir qui est produit sur les étoffes par les autres astringents.

C'est sur cette propriété qu'est fondée la pratique de donner un pied de bleu aux draps noirs qui acquièrent d'autant plus de beauté et de solidité, que ce bleu est plus foncé : un autre avantage de cette pratique, est de diminuer par-là la quantité d'acide sulfurique qui doit être dégagée par la précipitation des molécules noires, et qui non-seulement s'opposerait à leur fixation ; mais encore affaiblirait l'étoffe et lui donnerait de la rudesse.

Pour les étoffes communes, on produit une partie de l'effet du pied de bleu par le racinage.

Le mélange du campêche aux astringents, paraît contribuer à la beauté du noir par un double effet : il produit des molécules d'une nuance différente que les astringents ; mais sur-tout des molécules bleues avec l'oxide de cuivre, que l'on emploie ordinairement dans les teintures en noir, et qui paraît d'autant plus utile que le vert-de-gris dont on fait usage contient plus d'acétate.

Le bouillon de gaude, par lequel on finit souvent la teinture des draps noirs, peut aussi contribuer à sa beauté par la nuance particulière qui appartient à sa combinaison : il a de plus l'avantage de donner de la douceur aux étoffes.

Les procédés dont on fait usage pour la laine, ne donnent, selon l'observation de Lewis, qu'un noir rouillé à la soie, et le coton se teint à peine par les procédés qui conviennent à la laine et à la soie : tâchons de fixer quelles sont les conditions qu'exigent ces trois espèces de teinture.

La laine a une grande tendance à se combiner avec les substances colorantes ; mais ses dispositions physiques exigent en général que ses combinaisons se fassent à une haute température : on peut donc faire immédiatement dans un bain la combinaison des molécules noires à mesure qu'elles se forment, et si l'on prolonge l'opération en la divisant, ce n'est que pour changer l'oxidation nécessaire du sulfate, et pour augmenter celle des parties colorantes même.

La soie a peu de disposition à se combiner avec les molécules noires : il paraît que ce n'est qu'à la faveur du tannin dont elle est imprégnée auparavant, que ces molécules peuvent s'y fixer, surtout lorsqu'elle a été dégommée : une condition essentielle pour ses bains paraît être par cette raison, qu'ils soient vieux, et que les parties colorantes y soient accumulées, mais suspendues si faiblement, qu'elles puissent céder à une faible affinité : on s'oppose à leur précipitation, par l'addition de la gomme ou des substances mucilagineuses ; on détruit l'obstacle qui naîtrait de l'acide sulfurique mis en liberté par la limaille de fer, ou d'autres bases qui peuvent se combiner avec lui. Ainsi, des bains d'une composition très-différente, mais dont la condition essentielle est la vétusté, conviennent à cette teinture.

Le coton et le lin ont une grande propension à se combiner avec l'oxide de fer, en sorte qu'ils en enlèvent une partie même à ses dissolutions par les acides : si l'on considère les procédés qui sont employés dans l'art des toiles peintes, et qui sont propres à guider dans la teinture du coton et du lin, on voit que l'on commence à y appliquer le mordant, de sorte que la toile est d'abord combinée avec l'oxide de fer ; après cela on la passe dans le bain de teinture.

Quand on veut avoir en même-tems du noir, du rouge et du violet, on se sert d'un bain de garance qui donne ces trois couleurs en même-tems, selon la base qui fixe les molécules colorantes dans les différentes parties de la toile : le noir que l'on obtient par-là, n'est réellement qu'un violet très-foncé, mais très-solide ; c'est le procédé le plus ordinaire : si l'on veut avoir des jaunes ou des gris avec le noir, on se sert du sumac.

Lorsque les toiles ne doivent avoir que du noir et du blanc, on emploie une décoction de campêche, qui donne un noir plus beau et moins cher, mais qui est un peu moins solide.

Nous nous sommes assurés qu'en imitant ces

procédés, en ajoutant un peu d'acétate de cuivre, en fesant un mélange de différens astringents, et en substituant l'acide pyroligneux à l'acide ordinaire, on parvenait à faire facilement des noirs d'une beauté satisfesante, dont on augmente la vivacité en diminuant la rudesse que donne la teinture, par le moyen de l'huile dont on imprègne l'étoffe.

CHAPITRE III.

Du gris.

Les nuances du noir sont les gris, depuis le plus brun jusqu'au plus clair.

On peut faire les gris de deux manières; 1°. on prépare une décoction de noix de galle concassée, et on dissout à part du sulfate de fer : on fait un bain selon la quantité d'étoffe qu'on veut teindre de la nuance la plus claire; et lorsqu'il est assez chaud pour y pouvoir soutenir la main, on y verse de la décoction de noix de galle et de la dissolution de sulfate : on y passe alors la laine ou l'étoffe; lorsqu'elle est au point qu'on desire, on la retire, et on ajoute au même bain de la décoction et de la dissolution; on y passe une étoffe pour lui donner une nuance plus foncée qu'à la précédente : on continue ainsi jusqu'aux nuances les plus brunes, en ajoutant toujours des deux liqueurs; mais il vaut mieux, pour les gris de maure et pour les autres nuances foncées, donner auparavant à l'étoffe un pied de bleu plus ou moins fort.

La seconde manière de faire le gris, que Hellot trouve préférable à celle qu'on vient de décrire, parce que la décoction de noix de galle prend mieux sur les étoffes, et qu'on est plus sûr de ne mettre que la quantité de sulfate de fer nécessaire pour la nuance qu'on desire, consiste à faire bouillir deux heures la quantité de noix de galle qu'on juge convenable, après l'avoir concassée et enfermée dans un sac de toile claire; on fait bouillir ensuite l'étoffe dans ce bain pendant une heure, en palliant, après quoi on la lève : alors on ajoute à ce même bain un peu de dissolution de sulfate de fer, et on y passe l'étoffe, qui doit avoir la nuance la plus claire; ensuite on continue à ajouter de la dissolution de fer jusqu'aux nuances les plus brunes.

On peut dans l'une et dans l'autre de ces méthodes commencer par les nuances les plus brunes, lorsqu'on n'est pas gêné par des échantillons dont il faut saisir la nuance précise. Dans ce dernier procédé, on laisse chaque pièce d'étoffe plus ou moins long-temps, jusqu'à ce qu'elle soit à la nuance qu'on desire.

Il n'est pas possible de fixer la dose des ingrédients, la quantité d'eau et le temps nécessaire pour toutes ces opérations; c'est à l'œil à en juger. Si le bain est fort chargé de couleurs, la laine y restera moins; au contraire, il faudra plus de temps, si le bain commence à être épuisé. Lorsque l'on trouve que l'étoffe n'est pas assez brune, on la remet une seconde, une troisième fois, etc.; mais si la couleur était trop foncée, il faudrait passer l'étoffe sur un bain nouveau tiède, dans lequel on aurait mis un peu de décoction de noix de galle, ou encore sur un bain de savon ou d'alun; mais si par là on passe son but, on est obligé de rebrunir l'étoffe : les opérations réitérées lui sont préjudiciables; de sorte qu'il faut tâcher de saisir d'abord la nuance qu'on desire, en la retirant de temps en temps du bain.

Il faut avoir soin que le bain ne bouille pas, et qu'il soit plutôt tiède que trop chaud. De quelque manière qu'on ait teint les gris, on doit les laver tout de suite à grande eau, et même dégorger les plus bruns avec le savon.

On cherche souvent à mêler au gris la nuance d'une autre couleur, telle qu'un œil rougeâtre, d'agate ou de noisette; alors, après avoir donné une teinte plus ou moins bleue, selon l'objet qu'on se propose, on passe les étoffes dans une suite de cochenille qui a servi ou à l'écarlate ou au violet, en y ajoutant de la noix de galle, du bois d'Inde, de la garance, etc. ; ensuite on leur donne une bruniture plus ou moins forte, avec de la dissolution de fer : pour le noisette, on ajoute à la noix de galle du bois jaune et du bois d'Inde, et on teint sur blanc.

Tous les gris, excepté le gris de maure, s'appliquent sur la soie, sans lui avoir fait subir l'alunage. On compose le bain avec le fustet, le bois d'Inde, l'orseille et le sulfate de fer. On varie ces ingrédients selon la nuance que l'on veut donner : ainsi l'on emploie plus d'orseille pour les gris qui doivent tirer sur le rougeâtre, plus de fustet pour ceux qui doivent incliner au roux et au verdâtre, et enfin plus de bois d'Inde pour ceux qui doivent avoir un gris plus foncé ; et pour le gris de fer, on ne se sert que de bois d'Inde et de dissolution de fer.

Le gris de maure exige l'alunage, après quoi on passe les soies à la rivière, ensuite on leur donne un bain de gaude ; on jette une partie de ce bain pour y substituer du jus de bois d'Inde. Lorsque la soie en est imprégnée, on y ajoute la dissolution de fer en quantité suffisante; et quand on est à la nuance qu'on desire, on lave la soie et on la tord.

Lorsque le gris se trouve plus foncé qu'on ne desire, on passe la soie dans une dissolution de tartre, ensuite dans l'eau chaude; et si la couleur est trop affaiblie, on lui redonne un nouveau bain de teinture.

Pour le lin et le coton, on donne un pied de bleu au gris de maure, de fer et d'ardoise, et non aux autres. Toutes les nuances exigent un engallage proportionné au gris qu'on veut se procurer. On emploie souvent des bains de noix de galle qui ont déjà servi.

Lorsque les fils ont été engallés, tors et séchés, on les passe sur les bâtons dans un baquet plein d'eau froide, auquel on ajoute une quantité convenable du bain de la tonne au noir et d'une décoction de bois d'Inde. On y travaille les fils en parties séparées, on les tord, on les lave et on les fait sécher.

Le pileur d'Apligny donne deux autres procédés pour faire des gris, dont il prétend que la teinture est plus fixe.

1°. On engalle le fil, on le passe sur un bain très-faible de la tonne au noir, et on le garance ensuite.

2°. On passe les fils sur une dissolution très-chaude de tartre; on tord légèrement et l'on fait sécher. On teint alors ce fil dans une décoction de bois d'Inde : la teinture paraît noire; mais en passant le fil et le maniant avec attention sur une dissolution chaude de savon, le superflu de la teinture se décharge ; et il reste un gris ardoisé agréable et solide.

Un procédé dont le succès nous est connu, consiste à prendre une dissolution très-étendue d'acétate de fer (il suffit d'ajouter un peu de cet acétate dans une quantité d'eau), et une décoction aussi très-étendue de sumac : on passe successivement le coton d'une liqueur dans l'autre, jusqu'à ce que l'on soit parvenu à la nuance que l'on desire : on finit par passer dans une eau légèrement acidulée par l'acide sulfurique, autrement le sumac donne une couleur rousse. On obtient de la noix de galle, par le même procédé, des gris moins vifs, et l'écorce d'aune en donne d'agréables qui tirent sur le noisette.

Un habile manufacturier de Rouen nous a communiqué le procédé suivant, dont il se sert avec succès pour les velours de coton. On fait un engallage avec quantité égale de noix de galle et de bois d'Inde, on passe ensuite en un bain d'eau froide, et de là dans un autre baquet d'eau, où l'on a dissous du sulfate de fer, dont le poids égale la moitié de celui de l'un des ingrédients précédens : après avoir travaillé le coton environ un quart-d'heure dans ce bain, on le dégorge en eau froide et on l'avive.

Pour cela, on se sert d'un bain d'eau tiède, à laquelle on ajoute $\frac{1}{80}$ de décoction de gaude et un peu de dissolution d'alun : on laisse le coton environ vingt minutes dans ce bain; après cela on le lave dans l'eau froide et on le fait sécher.

En modifiant les doses des ingrédients, on obtient par-là depuis le gris de perle jusqu'au gris le plus foncé.

Pour les gris sur toile peinte, on imprime le même mordant que pour un violet clair et on se sert du sumac ou de la noix de galle, selon la nuance que l'on veut obtenir.

SECTION II.

DU BLEU.

CHAPITRE PREMIER.

De l'indigo.

L'INDIGO est une substance colorante bleue qu'on extrait d'une plante qui est connue sous le nom d'*anil*, d'*indigofère* et d'*indigo*.

On cultive la plante dont on retire l'indigo ou l'indigofère à la Chine, au Japon, aux Indes, à Madagascar, en Egypte et dans les colonies de l'Amérique : il y en a plusieurs espèces ; mais en Amérique, on en distingue particulièrement trois : l'*indigo franc*, *indigofera tinctoria*, *Linn.*, qui est la plus petite et qui produit l'indigo de plus basse qualité ; mais comme il en donne une plus grande quantité, on le préfère souvent : le second est l'*indigofera disperma*, *Linn.* c'est celui que l'on cultive à Guatimala ; il est plus élevé, plus ligneux que le précédent ; il donne un meilleur indigo : le troisième est l'*indigofera argentea* ou l'indigo bâtard, qui est encore plus ligneux que le précédent; il donne le plus bel indigo; mais en plus petite quantité que les autres.

Il y a apparence que cette plante absorbe d'autant plus de substances étrangères, qui se trouvent ensuite confondues avec les parties colorantes, qu'elle est plus herbacée.

Lorsque l'indigofère donne des signes de maturité, on le coupe et on le transporte dans des cuves destinées à lui faire subir une fermentation à laquelle il est très-disposé. Lorsqu'il est coupé dans l'état de maturité, il donne une plus belle couleur, mais il rend beaucoup moins; s'il est coupé trop tard, on perd encore plus, et on a un indigo de mauvaise qualité.

L'on a trois cuves posées les unes sur les autres à des hauteurs différentes et près d'un réservoir d'eau. La première s'appelle *trempoire;* c'est dans celle-là qu'on porte la plante, après l'avoir remplie d'eau jusqu'à une certaine hauteur. Brentôt il s'y établit une fermentation très-vive, et il s'y forme beaucoup d'écume. Le gaz qui s'en dégage est en partie inflammable.

Lorsque l'indigotier reconnaît que la fermentation est assez avancée et que les parties colorantes sont disposées à se séparer, il fait couler la liqueur dans la seconde cuve, qu'on nomme la *batterie*, et dans laquelle on fait subir à la liqueur un battage avec des instrumens destinés à cet usage.

Le Blond prétend, dans des observations qu'il avait envoyées à l'académie des sciences, que cette opération est destinée à dissiper l'acide carbonique qui s'est formé dans la fermentation, et qui empêche les parties colorantes de se précipiter. Il dit que le battage n'est pas suffisant pour procurer la précipitation de toutes les parties colorantes, et que l'on a fait dans la Guyane française l'essai d'un procédé, qui, en procurant un précipité beaucoup plus abondant, a ranimé l'espoir des colons, qui abandonnaient ce genre de fabrication. Il consiste à mêler une certaine quantité d'eau de chaux à la liqueur, dont on absorbe par ce moyen l'acide carbonique; mais il croit qu'il ne faut pas passer la proportion convenable, et qu'un excès d'eau de chaux est nuisible. Cette méthode n'était pas inconnue; et le P. Labat en fait mention. Struve a aussi pensé que l'eau de chaux favorisait la précipitation de l'indigo en s'emparant de l'acide carbonique qui le tenait en dissolution (1).

Lorsqu'on juge par la couleur bleue, que le battage est suffisant, on laisse reposer pendant environ deux heures, pour que les parties colorantes commencent à se séparer de la liqueur qui contient une partie extractive jaune, et alors on les fait passer dans une troisième cuve qu'on ap-

(1) Bibliot. médico-physique du Nord, tom. III.

pèle le *diablotin*. On laisse les parties colorantes se déposer dans cette cuve, dont on fait écouler la liqueur surnageante successivement par deux robinets posés l'un sur l'autre; après cela l'on fait écouler par un troisième robinet les parties colorantes qui ont une consistance à demi-fluide, dans des chausses de toile; et lorsqu'elles sont réduites à l'état de pâte, on les coule sur des caisses carrées à l'air libre, sous des hangars qui les tiennent à l'abri du soleil.

L'indigo qui résulte de ces opérations, diffère non-seulement selon les qualités de la plante dont il est produit, mais aussi selon les soins qu'on a mis à sa préparation : cependant sa partie colorante paraît avoir par elle-même peu de différence; de sorte que les qualités qui le distinguent dépendent sur-tout de la proportion des parties étrangères qui s'y trouvent mêlées, et de la consistance plus ou moins grande qu'il a prise en se desséchant.

Il y en a de léger qu'on appèle *indigo léger* ou *indigo flore*, qui vient de Guatimala, et qui est d'un beau bleu. Il surnage l'eau pendant que les autres espèces se précipitent au fond de ce fluide. C'est la plus belle espèce et la plus précieuse. Il y en a qu'on connaît sous le nom d'*indigo cuivré*, parce que sa surface prend la couleur du cuivre lorsqu'on le frotte avec un corps dur; enfin il y en a des espèces beaucoup moins pures, telles que celui qui vient de la Caroline.

Cependant les molécules bleues de l'indigo doivent indépendamment des substances étrangères, une partie de leurs propriétés à la préparation même.

Lorsqu'on broye la feuille de l'indigo, son suc prend bientôt à l'air une couleur bleue verdâtre. Si après l'avoir broyé, on en extrait le suc par une infusion, en laissant cette dissolution à l'air, elle se trouble et il se précipite une fécule bleue verdâtre, qui conserve cette nuance verte, malgré les lotions répetées et une longue exposition à l'air. En Egypte où les arts ont fait peu de progrès, on se contente de broyer la plante, de la faire infuser dans une eau chaude que l'on fait couler ensuite dans une fosse de terre argileuse, où on l'agite avec des battoirs pour en faire précipiter la fécule; mais l'indigo que l'on obtient ainsi est toujours verdâtre et donne une mauvaise couleur; il paraît dans cet état plus disposé à se dissoudre par le moyen de la fermentation; car les teinturiers n'ont besoin que d'y mêler du sucre brut pour établir les cuves dont ils se servent pour teindre. Un artiste français retira un bel indigo en fesant subir à la plante les mêmes préparations que dans les autres pays.

Les trois parties du procédé que l'on emploie, ont chacune un objet différent : dans la première on établit une fermentation dans laquelle l'action de l'air atmosphérique n'intervient pas, puisqu'il se dégage un gaz inflammable : il en résulte probablement quelque changement dans la composition même des parties colorantes ; mais surtout la séparation ou la destruction d'une substance jaunâtre qui donnait à l'indigo une teinte verdâtre, et qui le rendait plus susceptible d'éprouver l'action chimique des autres substances. Cette espèce de fermentation passe à une putréfaction destructive, parce que l'indigo, ainsi que nous le verrons, a une composition analogue à celle des substances animales.

Jusques-là les parties colorantes ont conservé leur liquidité : dans la seconde opération on fait intervenir l'action de l'air qui en se combinant avec les parties colorantes, les prive de leur solubilité et leur donne la couleur bleue : le battage en même temps sert à dissiper l'acide carbonique qui s'est formé dans la première opération, et dont l'action est un obstacle à la combinaison de l'oxigène : on favorise la séparation de cet acide, par l'addition de la chaux ; mais si l'on en mettait une quantité surabondante à cet effet, l'excès agirait lui-même sur l'indigo et s'opposerait à la libre combinaison de l'oxigène.

La troisième partie du procédé a pour objet le dépôt de la partie colorante, qui est devenue insoluble par la combinaison de l'oxigène, sa séparation des substances étrangères, et sa dessiccation qui lui donne plus ou moins de dureté et qui en fait varier les apparences.

Non seulement l'indigo est d'un usage très-étendu en teinture, mais ses propriétés chimiques sont très-remarquables ; elles expliquent d'une manière claire et positive les procédés de teinture où l'on en fait usage, elles indiquent des analogies intéressantes avec d'autres phénomènes : par ces raisons, nous présenterons avec quelques détails les observations des chimistes qui ont établi cette théorie. C'est sur-tout à Bergman qu'elle est due.

Dans les expériences de ce grand chimiste (1), l'eau a dissous, par le moyen de l'ébullition, un neuvième du poids de l'indigo : les parties dissoutes par l'eau paraissent en parties mucilagineuses, en parties astringentes, et en parties savoneuses ; la dissolution d'alun et celles du sulfate de fer et de cuivre en précipitent les parties astringentes.

Quatremere (2) a aussi séparé par le moyen de l'eau les parties qui sont solubles : il prétend que

(1) Analyse et examen chimique de l'indigo. Mém. des Savans étrangers, tom. IX. Opus. tom. V.

(2) Analyse et examen chim. de l'indigo, tel qu'il est dans le commerce pour l'usage de la teinture. Mém. des Sav. étr. tom. IX.

leur quantité est d'autant plus considérable que l'indigo est d'une qualité inférieure. Il dit qu'après cette opération, le résidu a acquis les qualités du plus bel indigo : il propose donc de purifier celui qui est d'une qualité inférieure, en le fesant bouillir dans un sac, et en renouvelant l'eau jusqu'à ce qu'elle ne prenne aucune couleur. Cette opération serait sans doute avantageuse, puisqu'on priverait par-là l'indigo des parties jaunâtres qui peuvent altérer sa couleur ; cependant il est vraisemblable qu'il se trouve encore des différences dans la nature même des parties colorantes et dans les parties terreuses insolubles, qui à la vérité ne pourraient pas nuire à la couleur, mais qui changeraient les proportions des parties colorantes.

La poudre d'indigo digérée dans l'alcool, a donné une teinture d'abord jaune, puis rouge, et enfin brune. Elle a perdu, par cette opération répétée plusieurs fois, environ un dix-septième de son poids. L'eau sépare de cette teinture une matière résineuse brunâtre.

L'éther agit sur l'indigo à-peu-près comme l'alcool ; mais les huiles tant fixes que volatiles ont peu d'action sur lui.

Bergman a mêlé une partie d'indigo bien pulvérisé avec huit parties d'acide sulfurique qui était sans couleur, et tellement concentré, que sa pesanteur spécifique était à celle de l'eau distillée : : 1900 : 1000. Le flacon de verre dans lequel le mélange a été fait, a été bouché légèrement. L'acide a attaqué promptement l'indigo et a excité une grande chaleur; après une digestion de vingt-quatre heures, l'indigo était dissous; mais le mélange était opaque et noir; en ajoutant de l'eau, il s'est éclairci en donnant successivement toutes les nuances de bleu, selon la quantité d'eau. Il faut au moins dix kilogrammes d'eau dans un vaisseau cylindrique de verre de 0,19 mèt. de diamètre pour rendre insensible la plus petite goutte de cette dissolution.

Si l'acide sulfurique est étendu d'eau, il n'attaque que le principe terreux qui se trouve confondu avec l'indigo et quelques parties mucilagineuses.

Plusieurs bocaux dans lesquels une goutte de cette dissolution a été mêlée avec des liqueurs qui contenaient différentes substances, telles que des acides, des alcalis, des sels neutres, ont été exposés pendant quelque temps à une température de 15 à 20 degrés. Dans quelques-uns la couleur s'est conservée sans altération; dans d'autres elle a verdi et s'est détruite plus ou moins promptement. Bergman explique les changements qu'il a observés, par la propriété que quelques substances ont d'enlever du phlogistique, et quelques autres d'en donner : ils s'expliquent heureusement par les affinités de l'oxigène, que quelques substances donnent, enlèvent, ou attirent de l'atmosphère.

Les alcalis fixes saturés d'acide carbonique, séparent de la dissolution d'indigo une poudre bleue très-fine, qui se dépose très-lentement. Bergman distingue cette poudre bleue sous le nom d'*indigo précipité*. On l'obtient aussi en versant goutte à goutte la dissolution dans l'alcool, dans les dissolutions saturées d'alun, de sulfate de soude, ou de quelques autres sels qui contiennent de l'acide sulfurique, mais la liqueur reste toujours un peu colorée.

L'acide muriatique qu'on fait digérer et même bouillir avec l'indigo, se charge de la partie terreuse, du fer, et d'un peu de matière extractive qui le colore en brun jaunâtre, mais sans attaquer en aucune manière la couleur bleue : si l'indigo est précipité de l'acide sulfurique, alors l'acide muriatique en dissout très-facilement une certaine quantité, et forme une liqueur d'un bleu foncé.

Les autres acides, tels que le tartareux, le fourmique, l'acétique et le phosphorique, se comportent avec l'indigo comme l'acide muriatique; ils dissolvent fort bien l'indigo précipité. L'acide sulfurique qui est trop étendu d'eau pour dissoudre l'indigo, et l'acide nitrique qui est aussi trop affaibli pour décomposer l'indigo, n'en dissolvent que la partie terreuse et la partie extractive qui sont étrangères à la substance colorante.

L'acide nitrique concentré, attaque l'indigo avec une telle violence qu'il l'enflamme : s'il est affaibli à un point convenable, il agit avec moins de vivacité : la couleur de l'indigo devient ferrugineuse ; le résidu après cette opération a l'apparence de la terre d'ombre et ne fait que le tiers de l'indigo. L'alcali fixe précipite, de l'acide nitrique qui a agi sur l'indigo, un peu d'oxide de fer mêlé de baryte et de terre calcaire ; mais si on ajoute trop d'alcali, une partie du précipité se redissout, et rend la couleur de la liqueur plus foncée qu'elle n'était auparavant.

Haussmann décrit dans une dissertation très-intéressante, des observations plus suivies sur les changemens que l'acide nitrique produit dans l'indigo (1). Lorsque tout l'indigo a paru détruit, il a trouvé un coagulé, qui, après avoir été dépouillé de tout acide nitrique par le lavage, formait une masse brune et visqueuse, qui se dissolvait dans l'alcool, et n'était dissoluble que dans une grande quantité d'eau : elle avait une amertume considérable. L'eau qui avait servi aux lotions, a donné par l'évaporatio de petits cristaux qui étaient probablement de l'acide oxalique.

(1) Journ. de Phys. 1788.

L'acide muriatique oxigéné a peu d'action sur l'indigo en substance ; mais, ce qui prouve que cette inaction ne dépend que de la cohérence, c'est qu'il en détruit facilement la couleur, et en change la composition, lorsqu'il est en dissolution ; si après qu'il a opéré cette destruction, on fait évaporer la liqueur, on retrouve une substance noirâtre analogue à celle qui résulte de la décomposition par l'acide nitrique.

La décomposition par l'acide nitrique et par l'acide muriatique oxigéné est réciproque, et les effets dépendent du passage de l'oxigène de ces acides à une combinaison plus intime avec l'hydrogène et le carbone, sur-tout avec l'hydrogène : il se forme une combinaison où le charbon domine, mais avec des proportions déterminées par les circonstances.

Il n'y a donc que l'acide sulfurique qui puisse dissoudre l'indigo ; mais nous verrons qu'il ne produit lui-même cet effet qu'au moyen d'un changement de composition qui altère peu la couleur de l'indigo, mais qui le rend soluble par les autres acides et par les alcalis.

L'alcali fixe, dissout quelques substances étrangères à la partie colorante de l'indigo ; mais il attaque peu les parties colorantes elles-mêmes. l'ammoniaque ou alcali volatil caustique agit à-peu-près de la même manière. L'indigo précipité, se dissout promptement et à froid dans les alcalis, soit fixes, soit volatils, s'ils sont purs ou caustiques ; leur couleur bleue se change peu à peu en vert, et finit par se détruire ; mais si les alcalis sont combinés avec l'acide carbonique, ils ne produisent pas cet effet. L'eau de chaux a peu d'action sur l'indigo ; mais elle dissout celui qui est précipité : elle altère et finit par détruire sa couleur, à-peu-près comme les alcalis caustiques.

L'indigo exposé à l'action du feu dans un creuset ouvert ou sous une moufle, fume, se gonfle, rougit, et même quelquefois prend feu en donnant une flamme blanche ; cent parties d'indigo laissent trente-trois ou trente-quatre parties de cendres.

Ces cendres ne donnent point d'alcali fixe lorsqu'on les lessive avec l'eau distillée : l'acide muriatique en dissout la plus grande partie avec une petite effervescence : le résidu qui est insoluble, en forme le onzième, et il a les caractères de la terre silicée.

La dissolution faite avec l'acide muriatique, produit du bleu de Prusse en y mêlant du prussiate de potasse : mais le fer que l'on sépare par-là, ne doit pas être confondu avec celui qui entre seul dans la composition des parties colorantes.

Outre le fer et la terre silicée, la cendre contient de la terre calcaire et de la baryte.

L'indigo détonne fortement avec le nitre. Il a donné dans la distillation de l'acide carbonique,

VIe SECTION des HAUTES ÉTUDES
C.R.H.S.T.

une liqueur qui contenait un peu d'alcali volatil, et une huile qui était semblable à l'huile empyreumatique du tabac, et qui se dissolvait fort bien dans l'alcool.

Bergman conclut de son analyse, que cent parties de bon indigo contiennent :

Parties mucilagineuses qu'on peut séparer par l'eau.	12
Parties résineuses solubles dans l'alcool .	6
Parties terreuses qui sont dissoutes par l'acide acétique, lequel n'attaque point le fer qui est ici dans l'état d'oxide	22
Oxide de fer qui est dissous par l'acide muriatique.	13

Restent quarante-sept parties, qui sont des molécules colorantes presque pures, et qui, distillées seules, ont donné :

Acide carbonique.	2
Liqueur alcaline	8
Huile empyreumatique	9
Charbon.	23

Le charbon brûlé à l'air libre, a donné quatre parties de terre, dont environ la moitié était du fer oxidé, et le reste une poudre silicée très-subtile.

Il résulte de cette analyse, que l'indigo pur contient à-peu-près les mêmes élémens que les substances animales, et il est à croire que l'on retrouvera du phosphate dans les cendres ; mais ce qui le distingue des substances animales, c'est la grande quantité de charbon qui doit donner à sa composition une plus grande stabilité que n'en ont les substances animales ordinaires; cependant nous avons déjà vu que si sa préparation n'était pas faite avec ménagement, il pouvait subir les effets de la putréfaction; par-là il est altéré ou détruit. Celui dont la fermentation est poussée trop loin devient noir : on le désigne comme *indigo brûlé.*

Bergman attribue sa couleur au fer, et le compare au prussiate de fer et aux molécules noires qui sont formées par la combinaison d'un astringent et de l'oxide de fer : cette comparaison ne nous paraît pas exacte : le fer qui se trouve dans la composition des parties colorantes de l'indigo, ne fait guères plus que le trentième de leur poids; les modifications qu'elles reçoivent par la combinaison de l'oxigène ou par son exclusion, et que nous allons examiner, ne correspondent point avec les effets de l'oxidation de ce métal. Il nous paraît donc qu'il est plus convenable de considérer la couleur de l'indigo comme un résultat de l'action réciproque de tous ses élémens, que comme une propriété dérivée de l'un d'eux.

L'on a vu que les alcalis et la chaux ne dissolvaient pas l'indigo, mais, dans les procédés dont on se sert, il devient soluble par ces substances, desquelles il est ensuite précipité sur les matières que l'on teint. La dissolution de l'indigo par l'alcali ou par la chaux est verdâtre; elle devient bleue à la surface, parce que l'indigo en est précipité sous sa forme naturelle : cette couleur verte n'est point produite par les alcalis, ainsi que dans plusieurs autres substances végétales, comme l'observe Bergman ; car les parties bleues qui sont devenues vertes, recouvrent leur couleur, dès qu'on sature l'alcali avec un acide qui lui-même peut leur donner une couleur rouge ; mais il a fallu que les parties de l'indigo éprouvassent un changement pour se dissoudre dans les alcalis, et les acides n'ont point la propriété de les rendre rouges. Il s'agit d'examiner quel est le changement qu'éprouvent les parties de l'indigo pour se dissoudre dans les alcalis.

Bergman considère deux procédés pour en déduire la cause des changements qu'éprouve l'indigo. Nous entrerons dans plus de détail sur ces procédés lorsque nous les examinerons comme opérations de teinture : il suffit ici de les indiquer. Si l'on mêle du sulfate de fer avec poids égal d'indigo et le double de chaux dans de l'eau, bientôt l'indigo se dissout ; mais Bergman a observé que si l'on fesait bouillir le sulfate de fer dans beaucoup d'eau pendant plusieurs heures, et si l'on réduisait par l'évaporation cette eau à une quantité convenable, la dissolution ne pouvait plus se faire. Si on prend une dissolution d'alcali fixe, pur ou caustique, et qu'on y ajoute de l'indigo et du sulfure d'arsenic ou orpiment, bientôt le bain devient vert, et la dissolution de l'indigo se fait. Si l'on substitue au sulfure d'arsenic la quantité d'arsenic qui en fait partie, le bain ne sera jamais propre à teindre, mais en y ajoutant la quantité de soufre qu'il doit contenir, on verra bientôt les indices de dissolution.

Bergman attribuait ces effets au phlogistique que dans le premier cas le précipité de fer, et dans le second le sulfure d'arsenic, ont communiqué à l'indigo, et par le moyen duquel il est devenu soluble dans l'alcali et la chaux, de sorte que lorsque le précipité de fer a été privé de son phlogistique par une longue ébullition, il n'a pu produire la dissolution de l'indigo.

Il n'y a qu'à substituer à cette hypothèse qui pouvait conduire assez bien pour prévoir les résultats, l'explication qui est fondée sur les effets positifs de l'oxigénation et de la désoxigénation.

Lorsque l'indigo a pris une couleur bleue, il contient une certaine proportion d'oxigène qui le rend insoluble : on peut le comparer à un métal qui, à un certain degré d'oxidation, devient insoluble dans les acides, et qui reprend de la solubilité par l'action des substances qui peuvent diminuer son oxidation : l'indigo est rendu soluble par les substances qui peuvent le priver d'une quantité variable de cet élément. Le précipité récent du sulfate de fer attire puissamment l'oxigène de l'air atmosphérique, comme l'a fait voir Priestley : il doit donc exercer une action pareille sur l'indigo et le rendre soluble. Lorsque l'alcali agit sur le sulfure d'arsenic, il en précipite l'arsenic qui est dans l'état métallique, en lui enlevant une portion du soufre : alors il agit sur l'oxigène comme le précipité de fer, et rend de même l'indigo soluble; mais il faut le concours du métal qui tend à s'oxider : l'oxide d'arsenic ne produit point d'effet.

Cependant la désoxigénation ne suffirait pas, et elle ne donnerait pas une solubilité assez grande dans l'eau ; il faut y joindre l'action d'une substance qui ait la propriété de s'unir à l'indigo désoxigéné, et d'augmenter sa solubilité, pour le rendre propre à la teinture ; c'est ce que font dans les différents procédés qui sont en usage, les alcalis fixes ou la chaux : il résulte de cette double action, que d'une part l'indigo est désoxigéné, pendant que d'un autre côté, il entre en combinaison liquide avec l'alcali ou la chaux.

Ce qui prouve que cette double action est nécessaire, c'est que le sulfure de potasse ou de soude, ne produit pas la dissolution de l'indigo, quoiqu'il attire fortement l'oxigène pour être changé en sulfate. L'insuffisance de son action doit sur-tout être attribuée à la résistance qu'oppose la force de cohésion de l'indigo.

Des expériences de Haussman servent à confirmer cette théorie : il a mis une dissolution d'indigo faite par le moyen de l'alcali et de l'orpiment en contact avec le gaz retiré par la distillation du nitre, qui est du gaz oxigène avec une petite proportion de gaz azote : tout le gaz oxigène a été absorbé, l'indigo s'est séparé en reprenant la couleur bleue et l'insolubilité qu'il a dans cet état ; le métal a été réduit en oxide ; le soufre a formé un sulfate avec l'alcali et l'excès d'alcali n'a pu retenir en dissolution l'indigo rétabli dans son état naturel (1).

On doit à Haussman plusieurs autres observations intéressantes.

Le sulfure d'antimoine détermine la dissolution d'indigo de même que le sulfure d'arsenic ; mais cette dissolution ne peut-être employée

(1) Tous les effets que nous expliquons par l'oxidation ou par la désoxidation de l'indigo, pourraient l'être en supposant que l'indigo est rendu soluble par un excès d'hydrogène, et que les moyens qui le rétablissent avec sa couleur bleue lui enlèvent cet hydrogène ; mais cette seconde explication oblige d'admettre des décompositions d'eau par des moyens peu énergiques, et elle n'est pas appuyée sur l'analogie des oxidations des métaux, du soufre, du phosphore, etc., en sorte que celle que nous adoptons nous paraît au moins avoir beaucoup plus de vraisemblance.

comme celle qui est produite par le sulfure d'arsenic, parce que le métal forme un précipité rouge qui est probablement un sulfure d'oxide d'antimoine : cet oxide mêlé avec le soufre ne produit pas de dissolution. Le fer dans l'état métallique, mis dans une liqueur alcaline concentrée avec de l'indigo broyé à l'eau, n'a pu, de même que le zinc, déterminer sa dissolution; sans doute leur force de cohésion s'oppose à cet effet; cependant l'antimoine dans l'état métallique a pu opérer la dissolution.

Le précipité de cuivre, loin de contribuer à la dissolution de l'indigo, a produit un effet contraire : il en a opéré la régénération dans les dissolutions faites au moyen du sulfure d'arsenic ou d'antimoine, ainsi que dans celle qui est due au précipité de fer. La dissolution du cuivre par l'ammoniaque a agi de même. Haussman dit que les teinturiers tirent parti de cette propriété du cuivre, pour épuiser plus promptement les cuves bleues qui, parce qu'elles ont servi trop long-temps, ou parce qu'elles sont naturellement peu chargées d'indigo, ne fourniraient que des nuances très-faibles, tandis qu'on en obtient de plus foncées, en passant les pièces, avant de les teindre, dans une eau très-légèrement chargée de sulfate de cuivre ou d'autres dissolutions cuivreuses, acides ou alcalines. Mais les teinturiers dont il parle sont dans l'erreur : lorsqu'on verse une dissolution de cuivre dans une dissolution transparente d'indigo, celle-ci devient d'un bleu foncé, et l'indigo régénéré est précipité; de même une toile imprégnée d'une dissolution de cuivre, étant plongée dans une cuve, en sort sur-le-champ d'un bleu foncé; mais le lavage l'enlève complètement; c'est donc un moyen d'épuiser promptement les cuves, au détriment de ce que peuvent y prendre les étoffes, car l'indigo régénéré ne contracte point d'union avec elles, et nous verrons que l'on tire avantage de cette propriété du cuivre, pour réserver les parties d'une étoffe dans un bain d'indigo.

L'oxide de cuivre produit ces effets par la facilité avec laquelle il cède l'oxigène à l'indigo qui en est privé : l'oxide d'étain qui a une disposition contraire doit agir différemment.

Bancroft a éprouvé que l'étain peu oxidé, mêlé avec une solution alcaline et l'indigo, produisait promptement la dissolution de celui-ci, qui par là formait, comme on dit, une bonne cuve.

L'étain oxidé à un grand feu, ou par la détonation du nitre, non-seulement n'a pas opéré la dissolution de l'indigo; mais il s'y est même opposé, en le mêlant au sulfure d'arsenic et d'antimoine ou au précipité de fer, de sorte que dans cet état il cédait une partie de son oxigène.

On peut dissoudre immédiatement l'étain peu oxidé dans la potasse et faire agir cette dissolution sur l'indigo : elle produit promptement une cuve où les toiles se teignent en bleu très-intense.

Dans tous les procédés qui sont employés pour établir des dissolutions d'indigo qu'on appèle *cuves* et que nous décrirons, il se trouve, conformément à la théorie, une ou plusieurs substances qui, par une action plus ou moins lente, servent à enlever l'oxigène, pendant que la chaux, l'alcali fixe ou même l'ammoniaque s'unissent à l'indigo désoxidé et lui donnent plus de solubilité.

Il paraît que l'indigo passe par ces moyens à différens degrés de désoxidation et par là sa dissolution prend différentes nuances : dans l'état le plus avancé, sa dissolution est sans couleur, avec moins d'oxigénation, elle passe au jaune et enfin au verdâtre.

Pendant que l'indigo est en dissolution, la partie qui se trouve au contact de l'air, absorbe de l'oxigène, qui se combine avec l'indigo et le régénère, en saturant en même temps la substance qui tendait à l'enlever, en sorte que la surface devient bleue; de là les écumes vertes d'abord, et bientôt bleues, que l'on appèle fleurée, et qui se forment dans les cuves bien établies, lorsqu'on les agite.

L'indigo jouissant de l'état liquide, forme facilement des combinaisons; il s'unit donc aux étoffes et il abandonne les alcalis, qui n'ont qu'une faible action sur lui ; malgré la combinaison plus intime qu'il vient de former, il attire l'oxigène, lorsque l'étoffe est exposée au contact de l'air, de sorte que jaune ou verdâtre, elle passe bientôt au bleu : on produit le même effet, si au sortir du bain, on la trempe dans l'acide muriatique oxigéné très-faible. On voit par là que si l'étoffe ne peut se combiner immédiatement avec l'indigo, ce n'est qu'en raison de la force de cohésion qui s'y oppose.

Il y a des cuves qui se préparent et dont on fait usage à froid ; il y en a d'autres qui sont employées à chaud : on remarque ici relativement aux étoffes, la même différence que l'on observe dans la plupart des autres teintures. La laine se combine avec beaucoup d'indigo. Sa combinaison est très-solide ; mais elle a besoin de chaleur qui la dispose à la former : la soie prend plus difficilement un bleu foncé : les cuves à froid conviennent au coton et au lin.

Lorsque l'indigo est dissous par l'acide sulfurique, il donne une couleur vive aux étoffes et nous examinerons ce procédé ; mais la couleur est beaucoup moins solide que celle qui est produite par les cuves ordinaires, et nous avons vu par les expériences de Bergman, que le précipité que l'on obtenait de cette dissolution, différait par quelques propriétés de l'indigo naturel, et qu'il était soluble dans les autres acides et dans les alcalis. Il faut donc que l'indigo ait reçu quelque altération dans sa composition.

Il parait qu'il faut appliquer à l'action de l'acide sulfurique sur l'indigo, les observations qui ont été faites sur le sucre et les autres substances végétales et animales (1), et qu'il détermine la production d'un peu d'eau par la combinaison intime d'une portion de l'oxigène et de l'hydrogène qui entrent dans la composition de l'indigo; on peut expliquer par-là la grande chaleur qui se produit sans qu'il se forme de l'acide sulfureux, l'état de concentration où doit être l'acide sulfurique, et pourquoi d'autres acides quoique puissans et concentrés, ne peuvent opérer cette dissolution.

Cette altération nous paraît pouvoir se faire à différens degrés, et lorsqu'on a bien ménagé la chaleur, on y trouve à peine les propriétés décrites par Bergman, dont l'exactitude ne peut être révoquée en doute.

Si l'on verse de l'eau d'hydrogène sulfuré sur la dissolution d'indigo, étendue d'une telle quantité d'eau qu'elle ne conserve qu'une légère couleur, on voit celle-ci bientôt disparaître, et un peu d'acide muriatique oxigéné la rétablit.

Un hydro-sulfure produit cet effet avec la dissolution beaucoup plus concentrée : que l'on

(1) Essai de Stat. Chim. tom. IV, p. 530.

plonge du coton dans la liqueur, il en sort sans couleur, mais bientôt il verdit, et passe au bleu: on peut lui donner une couleur foncée par ce moyen. Ici l'indigo n'opposait pas l'obstacle de sa force de cohésion, et l'hydrogène sulfuré qui est condensé agit puissamment sur lui.

Les observations que Bergman a faites sur les effets que différentes substances produisent avec la dissolution de l'indigo par l'acide sulfurique, s'expliquent toutes facilement par la propriété qu'elles ont ou dont elles sont privées, de se saisir de son oxigène.

CHAPITRE II.

Du pastel et du vouëde.

Le pastel est une plante de la famille des crucifères, dont le caractère distinctif est tiré de la forme de la silique qui est applatie, comme le fruit du frêne, bordée d'une membrane mince et dans laquelle se trouvent deux semences alongées. On en distingue deux espèces qui ont des variétés; le pastel cultivé, *isatis tinctoria*, *Linn.*, et le pastel de Portugal; *isatis lusitanica*, *Linn.*, qui diffère du premier en ce qu'il est plus petit et que ses feuilles sont plus étroites. La première espèce pousse des tiges hautes d'un mètre, de la grosseur du doigt, qui se divisent en quantité de rameaux chargés de beaucoup de feuilles grandes, lancéolées, garnies à leur bord de petites dentelures lisses, d'une couleur verte bleuâtre. Les fleurs sont jaunes, disposées en pannicules au sommet des tiges. La racine est grosse, ligneuse, et pénètre profondément en terre.

Cette plante demande une bonne terre noire, légère, et bien amendée : on la sème au printems, après deux labours donnés en automne. On en fait trois ou quatre récoltes par an; la première, lorsque les tiges commencent à jaunir et que les fleurs sont prêtes à paroître; les autres à six semaines ou plus d'intervalles entre elles, selon le climat et la chaleur de la saison.

On fauche la plante, on la lave à la rivière et et on la fait sécher au soleil. Il faut avoir attention que la dessiccation soit prompte; car si la saison n'est pas favorable ou s'il pleut, la plante court risque de s'altérer : une seule nuit suffit quelquefois pour la faire noircir.

On porte ensuite la plante au moulin pour la broyer et la réduire en pâte; on en forme des tas qu'on couvre pour les garantir de la pluie. Après 15 jours, on ouvre le monceau de pastel, on le broie, et on mêle ensemble l'intérieur et la croûte qui s'est formée à la surface; on en fait ensuite des pelotes rondes, que l'on porte dans un endroit exposé au vent et au soleil, afin de chasser de plus en plus l'humidité qui pourrait les faire putréfier. Ces pelotes, entassées les unes sur les autres, s'échauffent insensiblement, et exhalent une odeur d'ammoniaque, d'autant plus forte, qu'elles sont en plus grande quantité et que la saison est plus chaude. On augmente la chaleur qui s'est établie, en arrosant légèrement jusqu'à ce que le pastel soit réduit en poudre grossière : il est alors dans l'état dans lequel on le trouve dans le commerce.

On cultive et on prépare le pastel dans plusieurs parties de la France : celui des départemens méridionaux est le plus estimé ; on lui donne le nom de vouëde dans les départemens du Nord ; le vouëde ne diffère du pastel ordinaire qu'en ce qu'il en faut une plus grande quantité pour produire le même effet, ainsi que l'a éprouvé Hellot.

Le pastel donne sans indigo une couleur bleue qui n'a pas de l'éclat, mais qui est très-solide. Comme il donne beaucoup moins de parties colorantes que l'indigo, et comme sa couleur est inférieure en beauté, la découverte de l'indigo a diminué considérablement la culture et le commerce du pastel.

Astruc rapporte, dans ses mémoires sur l'histoire naturelle du Languedoc, qu'ayant traité en petit du pastel, comme on traite l'anil pour en obtenir l'indigo, il en a obtenu une poudre qui a produit les mêmes effets que l'indigo. De là Hellot a conclu que le vert foncé de plusieurs plantes est dû à des parties jaunes et à des parties bleues, et que si par la fermentation on pouvait détruire le jaune, les parties bleues resteraient; mais Lewis dit (1) qu'ayant fait putréfier dans l'eau, des herbes de différentes espèces, il n'a point obtenu de fécule bleue. Ce mélange de molécules bleues et jaunes, pour former le vert des plantes, est une supposition qui n'a pas de fondement. Mais quelques plantes d'espèces différentes paraissent aussi contenir des molécules colorantes, analogues à l'indigo, et la pulpe du fruit du *genippa americana*, *Linn.*, en contient assez, selon Bancroft, pour teindre immédiatement en un bleu foncé, dont nous avons déjà fait mention.

On a fait dans différents endroits, plusieurs tentatives pour retirer un indigo du pastel: il paraît que le produit est trop faible pour que la substance colorante que l'on obtient puisse entrer en concurrence avec l'indigo ordinaire.

Dans quelques parties de l'Afrique, on se contente de donner aux feuilles de l'indigo, une préparation semblable à celle que l'on fait subir au pastel; mais pour retirer la fécule bleue du pastel,

(1) The chemical works of Gaspar Neumann, by William Lewis.

on imite la préparation de l'indigo : nous allons donner une description des opérations que l'on suivait dans une manufacture, selon la description que Gren en a publiées (1). On prend des feuilles fraîches de pastel, qu'on lave pour en séparer les saletés et la terre, dans une cuve de forme oblongue, qu'on remplit à-peu-près aux trois quarts; pour éviter que l'eau ne les élève, on assujettit des pièces de bois en travers : on verse sur ces feuilles assez d'eau pure pour les recouvrir entièrement, et on place le vase à une chaleur tempérée : il se forme, suivant la température de l'atmosphère, en plus ou moins de temps, une écume copieuse à la surface de l'eau, qui indique le commencement de la fermentation. La surface se couvre peu à peu en entier d'une peau bleue qui présente à l'œil des nuances de couleur de cuivre. Lorsqu'il y a une certaine quantité de cette écume, on soutire la liqueur, qui se trouve teinte en vert foncé, dans une autre cuve oblongue, par un robinet placé immédiatement au-dessus de son fond, ou bien l'on puise l'eau pour la mettre dans l'autre cuve. Dans l'un et dans l'autre cas, il est nécessaire de faire couler l'eau par une toile dans l'autre vase, pour séparer les saletés ou les petites portions de feuilles qui pourraient passer. On lave

(1) Crell neueste entdeckungen. On en trouve la traduction dans la Bibliothèque médico-physique du Nord, tom. III.

les feuilles avec un peu d'eau froide, pour en détacher les portions de peau colorée qui pourraient s'y être attachées, et l'on mêle cette eau de lavage avec celle qu'on a soutirée. Cela fait, on verse dans la liqueur de pastel fermentée, de l'eau de chaux, à raison de deux ou trois livres, sur dix livres de feuilles, et l'on agite fortement pendant quelque temps cette liqueur, pour faciliter la séparation de l'indigo, qui se dépose par le repos. Pour savoir si on a continué pendant assez de temps l'agitation, on prend une portion de la liqueur jaunâtre claire dans une bouteille ordinaire, et on essaie si en l'agitant fortement, il se sépare encore du bleu, et dans ce cas on agite de nouveau la liqueur. Lorsqu'enfin tout l'indigo s'est séparé et s'est déposé, on soutire l'eau claire, par un robinet placé à quelque distance au-dessus du fond de la cuve, ou au moyen d'un siphon, ce qu'on doit faire sans perdre de temps. Pour faciliter la séparation de l'eau, on peut incliner la cuve du côté du robinet, dès qu'on a cessé de remuer l'eau. On verse la couleur bleue qui reste, dans des filtres coniques de toile de lin, ou dans des chausses d'Hippocrate. Mais comme, dans le commencement, il passe toujours un peu de couleur, on doit la recevoir dans un vase qu'on place dessous, et la reverser dans le filtre jusqu'à ce que l'eau en sorte claire. On édulcore l'indigo contenu dans les filtres avec une suffisante quantité d'eau, et on le fait sécher à l'ombre ou à une légère chaleur artificielle, ayant soin de le couvrir.

On obtient de l'indigo, sans l'addition de l'eau de chaux, mais beaucoup moins. Si on ajoute une plus grande quantité d'eau de chaux, on augmente, il est vrai, la quantité de l'indigo, mais il en devient d'une qualité inférieure, parce que le surplus de la terre calcaire s'unit à l'indigo. Les sels alcalis facilitent aussi la séparation de la couleur bleue: mais il n'est pas avantageux de les employer, parce qu'ensuite ils en dissolvent une partie. Par l'addition d'un acide, il ne se fait point de précipité.

Il faut qu'il s'écoule un certain temps avant de pouvoir soutirer l'eau qui a fermenté avec les feuilles de pastel; si on la soutire trop tôt, on n'obtient que peu d'indigo; si au contraire on laisse les feuilles trop long-temps en infusion avec l'eau, elles entrent facilement en putréfaction, et répandent une odeur putride et volatile qui leur est propre; dès lors on n'en peut plus séparer de précipité et l'eau reste constamment verte. Il en est de même de l'eau soutirée, si on l'abandonne, et même lorsque l'indigo s'est déjà séparé de la liqueur, on doit éviter que cette dernière entre en putréfaction, si l'on ne veut pas perdre l'indigo entièrement, ou au moins en partie.

On ne doit cependant pas trop se hâter de faire passer l'eau dans la cuve où l'on doit l'agiter, à la première apparence de peau bleue chatoyante, puisque c'est dans ce moment que l'eau se charge le plus d'indigo.

Quand le degré de la chaleur de l'atmosphère est considérable, la fermentation s'établit très-promptement, et souvent quinze à dix-huit heures suffisent. C'est alors sur-tout qu'il faut être bien attentif pour ne pas la laisser passer à une putréfaction totale. Si la chaleur de l'atmosphère est trop faible, on n'aperçoit ni beaucoup d'écume, ni pellicule bleue, mais la liqueur penche insensiblement à la putréfaction, sans présenter de phénomènes bien marqués avant qu'elle commence.

Les plantes pilées ou leur suc entrent plus vîte en fermentation, mais elles ne fournissent qu'un bleu sale.

Il faut sécher l'indigo, tiré du pastel, à l'ombre, parce que le soleil détruit sa couleur.

D'Ambourney, qui paraît n'avoir pas eu connaissance des expériences précédentes, s'est aussi occupé des moyens de former de l'indigo avec le pastel (1). Il a réussi en laissant fermenter les feuilles fraîches de pastel dans une certaine quantité d'eau; il a retiré les feuilles, et a versé de la

(1) Supplément au recueil des procédés d'expériences, etc.

dissolution d'alcali caustique dans la liqueur; après quoi il l'a filtrée : il est resté sur le filtre une fécule qu'il compare à l'indigo de la Caroline. Les feuilles fraîches et mûres de pastel ont donné $\frac{1}{70}$ de fécule.

CHAPITRE III.

De la teinture en bleu de cuve par l'indigo et le pastel.

On se sert de différents procédés pour teindre en bleu par le moyen de l'indigo. Nous allons parcourir ces procédés, sans entrer dans les détails qui sont bien connus dans les ateliers, et que l'on trouve la plupart décrits avec beaucoup de soin dans l'ouvrage de Hellot.

La préparation pour teindre en bleu ne se fait pas dans les chaudières comme pour les autres couleurs, mais dans de grands vaisseaux de bois auxquels on donne le nom de cuves. On enfonce les cuves dans la terre, de façon qu'elles n'en sortent qu'à hauteur d'appui. Comme il est important d'entretenir la chaleur des cuves, on ne les place pas dans le même endroit que les chaudières, pour lesquelles on a besoin d'une circulation libre de l'air, mais dans un endroit voisin, construit d'une manière propre à conserver la chaleur : on donne le nom de *guesdres* à cet emplacement, et l'on nomme *guesdrons* les ouvriers qui doivent être instruits par une longue expérience pour prévenir les accidents auxquels les cuves sont sujettes.

On pourrait teindre en bleu avec le pastel ou le vouëde ; l'on ferait un bleu solide, mais il ne serait pas foncé, et l'on n'obtiendrait qu'une petite quantité de couleur, comme on l'a dit en traitant de ces substances ; mais en les mêlant avec l'indigo, on obtient des cuves qui sont très-riches en couleur, et qui sont presque les seules en usage pour la laine et les étoffes de laine : on les distingue sous le nom de cuves de pastel.

Hellot n'a pas désigné avec précision les proportions des substances qui sont employées à la cuve de pastel : on empruntera du mémoire de Quatremere la description d'une cuve de cette espèce. Il faut cependant remarquer que les quantités varient non-seulement dans les différents ateliers, mais encore selon les nuances que l'on desire d'obtenir.

Pour une cuve qui a près de 2$^{met.}$, 6 de profon deur, et 1$^{met.}$, 6 de diamètre, on jette dans le fond deux balles de pastel pesant ensemble 200 kilogrammes ; mais on les divise auparavant.

On fait bouillir dans une chaudière, pendant trois heures, 15 kilogrammes de gaude dans une quantité d'eau suffisante pour remplir cette cuve. Lorsque cette décoction est faite, on y ajoute 15 kilogrammes de garance, et une corbeillée de son; on laisse encore bouillir pendant une demi-heure, on rafraîchit ensuite avec 20 seaux d'eau; on laisse rasseoir le bain; on retire la gaude; on transvase ce bain dans la cuve; enfin on fait pallier pendant tout le temps de la transvasion, et même un quart-d'heure de plus.

Toutes ces opérations faites, on couvre bien chaudement la cuve; on la laisse 6 heures dans cet état, après quoi on la découvre et on la pallie pendant une demi-heure; on en fait autant de trois heures en trois heures.

Lorsqu'on aperçoit des veines bleues à la surface de la cuve, on lui donne ce qu'on appèle *son pied*, c'est-à-dire à-peu-près 4 kilogrammes de chaux vive. Dès que cette substance est introduite, on aperçoit des caractères nouveaux. La couleur de la cuve devient d'un bleu plus noir et plus foncé, et ses exhalaisons deviennent beaucoup plus âcres.

C'est immédiatement après avoir mis la chaux, ou en même temps, qu'on introduit l'indigo dans la cuve, après l'avoir broyé dans un moulin avec la plus petite quantité d'eau possible. Lorsqu'il est délayé en forme d'une bouillie épaisse, on le soutire par le moyen d'un robinet placé à la partie inférieure du moulin, et on le jette sans autre préparation dans la cuve. La quantité d'indigo qu'il faut mettre dans une cuve est déterminée par la nuance à laquelle on veut amener le drap ou la laine : sur une cuve composée dans les proportions énoncées ci-dessus, on peut employer sans inconvénient depuis 5 jusqu'à 15 kilogrammes d'indigo.

Lorsqu'en heurtant la cuve avec le rable, on obtient une belle écume bleue qu'on appèle fleurée, il ne s'agit plus pour teindre, que de la pallier deux fois dans l'espace de six heures, afin de mélanger parfaitement les matières ; il est aussi quelquefois nécessaire d'ajouter un peu de chaux.

Le bain qu'on a d'abord jeté sur le pastel, était à l'état d'eau bouillante, et l'on a soin de ne laisser la cuve exposée à l'air libre que le temps nécessaire pour la pallier. Aussitôt que cette opération est faite, on ferme son ouverture avec un grand couvercle de bois sur lequel on étend encore d'épaisses couvertures, et on réunit tous les moyens pour maintenir la chaleur de la cuve sans l'intermède du feu ; mais malgré ces précautions, favorisées par la disposition des guesdres, la chaleur ne peut se conserver qu'un certain espace de temps ; au bout de huit ou dix jours elle se trouve fort affaiblie, et elle se dissiperait entièrement, si on ne réchauffait la liqueur.

Cette opération consiste à transvaser la plus

grande partie du bain de la cuve dans la chaudière, sous laquelle on allume un grand feu. Lorsque le bain a reçu une chaleur suffisante, on le fait repasser dans la cuve de la même manière, et on la recouvre avec soin.

La cuve de pastel est principalement sujette à éprouver deux accidents; le premier a lieu lorsqu'elle devient *roide* ou *rebutée*, selon le langage des guesdrons : on s'aperçoit de cet accident lorsqu'en découvrant une cuve qui a déjà donné des belles nuances de bleu, on la trouve noire, sans aucune apparence de veines bleues, sans fleurée; si on la pallie, on n'aperçoit qu'une couleur d'un noir de plus en plus foncé, et l'odeur du bain, au lieu d'avoir quelque chose de douçâtre, comme lorsque la cuve est en bon état, affecte au contraire l'odorat d'une manière très-piquante. Si on essaie de teindre sur une cuve qui offre ces caractères, l'étoffe ne prend aucune couleur ou sort d'un gris sale : ces mauvaises qualités dépendent d'un excès de chaux, et Quatremere rapporte qu'il les a communiquées à une cuve, en la surchargeant de chaux.

Les guesdrons employent différents moyens pour rétablir une cuve rebutée; quelques-uns y mettent du tartre, d'autres du son, de l'urine, de la garance; d'autres se contentent de réchauffer la cuve. Selon Hellot, le meilleur remède, c'est d'y mettre du son et de la garance à discrétion ; et si elle n'est qu'un peu trop garnie de chaux, il suffit de la laisser reposer cinq ou six heures ou plus, en y mettant seulement une certaine quantité de son, et trois ou quatre livres de garance qu'on distribue sur la cuve; ensuite on la couvre et on l'essaie après un intervalle convenable. Si elle est rebutée au point qu'elle ne donne du bleu que quand elle est froide, il faut la laisser revenir sans la tourmenter, et quelquefois laisser passer des journées entières sans la pallier. Quand elle commencera à faire un échantillon passable, il faudra réchauffer le bain ; ordinairement la fermentation se ranime alors ; on peut l'exciter avec du son et de la garance, et même avec un panier ou deux de pastel neuf.

Hecquet d'Orval et Ribaucourt conseillent, si la cuve n'est que légèrement rebutée, de se contenter de ne la pas pallier ; mais si le mal a fait plus de progrès, d'y mettre quelques livres de son enfermé dans un sac et d'y répandre en même temps trois ou quatre livres de tartre en poudre ; on retire le sac qui vient surnager après cinq à six heures, et l'on pallie : si la cuve n'est pas encore rétablie, on répète la même opération.

Quatremere dit qu'il a rétabli une cuve qu'il avait rebutée en la surchargeant de chaux, et que pour cela il s'est contenté de la réchauffer deux fois, et de la laisser ensuite reposer deux jours, après lesquels elle a donné une fleurée bien caractérisée. Il l'a encore laissée en repos pendant trois jours; ensuite il l'a réchauffée pour la troisième fois, et elle s'est trouvée rétablie.

Le second accident auquel la cuve de pastel est sujette est la putréfaction. Lorsque cet accident arrive, les veines et la fleurée de la cuve disparaissent, sa couleur devient rousse, la pâtée qui est au fond se soulève, l'odeur devient fétide.

Quatremere prétend que si l'on plonge dans une cuve ainsi dégradée un échantillon d'un bleu foncé, sa couleur y baisse de plusieurs nuances. La putréfaction s'établit dans la cuve, parce qu'on ne l'a pas assez garnie de chaux. Dès qu'on aperçoit les indices de la putréfaction, il faut se hâter de la corriger, en ajoutant de la chaux et en palliant; au bout de deux heures, on remet encore de la chaux et on pallie; on réitère cette opération jusqu'à ce que la cuve soit rétablie; mais il faut prendre garde de passer à l'excès contraire.

On voit qu'une juste distribution de chaux, est l'objet qui demande le plus d'attention dans la conduite d'une cuve de pastel: elle doit modérer la fermentation du pastel et des autres substances qui servent à désoxider l'indigo, car cet effet poussé trop loin détruit les parties colorantes; mais une trop grande action de la chaux devient un obstacle trop grand : il faut donc attendre que l'excès de chaux disparaisse sans doute par la formation successive de l'acide carbonique, ou augmenter la cause de la fermentation, ou saturer une partie de la chaux par un acide végétal. Une autre utilité de la chaux, est de tenir en dissolution les parties colorantes de l'indigo, et celles du pastel qui se trouvent désoxidées. On se sert du vouëde ainsi que du pastel, mais il paraît que la préparation préliminaire que l'on fait subir à l'un et à l'autre n'est pas essentielle : nous avons vu un habile teinturier de Rouen, employer pour sa cuve la plante du vouëde simplement desséchée et prétendre en retirer plus d'avantage que du vouëde ordinaire.

On pallie la cuve deux heures avant de teindre; et pour éviter que le marc qui se dépose au fond, et qu'on appèle la pâtée, ne produise des inégalités dans la couleur, on introduit dans la cuve une espèce de treillis formé par de grosses cordes, qu'on appèle champagne, et même, lorsqu'on veut teindre des laines en toison, on établit au-dessus, un filet à mailles serrées : on mouille bien dans l'eau claire et un peu chaude les laines ou les étoffes; on les exprime et on les plonge dans la cuve, où on les mène plus ou moins long-temps, selon que l'on desire une couleur plus ou moins foncée, en les éventant de temps en temps : la couleur verte que le bain communique, se change en bleu par l'action de l'air. Il est difficile de donner un ton égal pour les bleus clairs dans un bain riche; le meilleur moyen d'obtenir ces nuances est de se servir de cuves qui sont déjà épuisées et qui commencent à se refroidir.

Les laines et les étoffes teintes en bleu doivent être lavées avec beaucoup de soin, pour entraîner les parties qui ne sont pas fixées sur la laine, et même les étoffes qui sont d'un bleu un peu foncé doivent être dégorgées avec soin au foulon avec un peu de savon qui n'altère point le bleu. Celles qui sont destinées à être teintes en noir doivent être traitées de même; mais cette opération est moins nécessaire pour celles qui doivent être mises en vert.

On donne le nom de *cuve d'Inde* à une cuve dans laquelle on ne fait point entrer de pastel ni de vouëde. Le vaisseau qui sert à cette préparation (1) est une chaudière qui, par sa forme conique, laisse entre elle et la maçonnerie qui l'entoure et sur laquelle ses bords s'appuyent, assez de vide pour y faire du feu : on verse dans cette chaudière quarante seaux d'eau, plus ou moins, suivant sa contenance : l'on a délayé dans cette eau 3 kilogrammes de cendres gravelées,

(1) Mémoire sur l'indigo, par Hecquet d'Orval et Ribaucourt.

autant de son, et 0,368 de garance, qu'on a ensuite fait bouillir : on fait entrer dans la cuve les marcs mêmes de ces matières ; on y verse ensuite 3 kilogrammes d'indigo broyé à l'eau ; on pallie avec soin ; on ferme la cuve ; on entretient un peu de feu autour ; on la pallie une seconde fois, douze heures après qu'on l'a montée, et ainsi de suite, de douze heures en douze heures, jusqu'à ce qu'elle soit venue à bleu ; ce qui arrivera au bout de quarante-huit heures : si on l'a bien gouvernée, le bain sera d'un beau vert, couvert de plaques cuivrées et d'écume ou fleurée bleue.

Cette cuve est beaucoup plus facile à conduire que celle de pastel ; mais comme tout le bleu y vient de l'indigo, elle est plus chère : l'alcali qui sert de dissolvant étant plus soluble que la chaux, le bain de teinture est beaucoup plus riche en couleur ; enfin les draps y retiennent plus de douceur que dans la cuve de pastel où la chaux sert de dissolvant. Lorsque cette cuve est dans l'état convenable, on s'en sert pour teindre, de la manière qui a été indiquée pour celle de pastel.

Hellot décrit deux cuves dans lesquelles l'indigo est dissous par le moyen de l'urine ; on y ajoute de la garance, et dans l'une du vinaigre et dans l'autre du tartre et de l'alun, de chacun poids égal à celui de l'indigo : la quantité d'urine doit être très-considérable. La dissolution de l'indigo, privée de son oxigène par l'urine et la garance en fermentation, est due à l'ammoniaque qui se forme dans l'urine, soit par l'action de la chaleur, soit par la putréfaction. Hellot remarque qu'il se fait une effervescence lorsqu'on verse la dissolution d'alun et de tartre, qui servent probablement à empêcher les progrès de la putréfaction; mais ces cuves ne peuvent être comparées à la cuve de pastel et à la cuve d'Inde, par le moyen desquelles on expédie beaucoup plus d'ouvrage, et elles ne pourraient convenir que dans de petits ateliers.

On se sert pour teindre la soie en bleu, de la cuve d'Inde qui a été décrite; l'on y met ordinairement plus d'indigo que la dose qui a été indiquée; mais les proportions de son et de garance sont à-peu-près les mêmes. Macquer, dit (1) que si l'on met un poids de garance qui soit le quart de celui des cendres gravelées, la cuve devient plus verte, et que sa couleur est plus assurée sur la soie sans avoir un œil moins agréable. La cuve de pastel et les autres dont on a parlé ne sont pas propres à teindre la soie, parce qu'elles ne la colorent pas avec assez de promptitude.

Lorsque la cuve est en état, on lui donne ce qu'on appèle un brevet, avec environ un kilo-

(1) Art de la teinture en soie.

gramme de cendres gravelées, et un huitième de garance : on pallie, et après quatre heures elle peut servir à la teinture. La chaleur doit alors être assez ralentie pour qu'on y puisse tenir la main sans douleur.

On y plonge la soie, qui doit avoir été cuite à raison de 30 kilogrammes de savon par cent, et ensuite bien dégorgée de son savon par deux battures ou même plus, dans une eau courante. Comme la soie est fort sujette à prendre une couleur mal unie, on est obligé de la teindre par petites parties; l'ouvrier plonge donc chaque matteau l'un après l'autre, après l'avoir passé sur un cylindre de bois, et lorsqu'il l'a tourné une ou plusieurs fois dans le bain, il l'exprime avec force sur le bain, et il l'évente pour le déverdir; lorsqu'il paraît bien déverdi, il le jette dans de l'eau pure, après quoi il le tord plusieurs fois sur l'espart.

Il faut avoir soin que la soie qu'on vient de teindre en bleu, sèche très-promptement; pendant l'hiver et dans les temps humides, on la fait sécher dans une chambre échauffée par un poêle, en l'exposant sur une espèce de chassis qu'on tient agité.

Quand le bain s'affaiblit et que sa couleur verte diminue, on lui donne un brevet dans lequel on fait entrer 0,5 kilogramme de cendres gravelées, un peu de garance et une poignée de son bien lavé. Lorsque l'indigo se trouve épuisé, il faut aussi en rendre à la cuve avec les proportions convenables de cendre gravelée, de garance et de son.

Quelques teinturiers profitent des cuves qui s'affaiblissent pour teindre en nuances claires; mais le bleu que l'on obtient alors est moins beau et moins solide que si l'on se sert pour ces nuances de cuves neuves dans lesquelles on a fait entrer une moindre quantité d'indigo.

L'indigo seul ne peut donner un bleu foncé à la soie; pour cela on est obligé de la préparer en lui donnant une autre couleur ou pied: pour le bleu *turc*, qui est le plus foncé, on donne d'abord un bain très-fort d'orseille, et un moins fort pour le bleu de roi; ensuite on passe sur une cuve neuve et bien garnie; les autres bleus se font sans pied.

On fait encore un bleu aussi foncé que le bleu de roi, mais pour le pied duquel on se sert de cochenille, au lieu d'orseille, afin de lui donner plus de solidité, ce qui le fait nommer bleu fin.

On donne à la soie un bleu qui a très-peu de solidité, par le moyen du vert-de-gris et du bois d'Inde; mais on peut beaucoup augmenter sa solidité, en lui donnant d'abord par ce moyen une nuance plus claire que celle qu'on veut obtenir, en la passant ensuite dans un bain d'orseille et enfin dans la cuve.

Pour teindre en bleu les soies écrues, il faut choisir celles qui sont naturellement blanches, les bien pénétrer d'eau, et ensuite les passer dans la cuve en matteaux séparés, comme les soies cuites. Les soies crues prenant en général la teinture avec plus de facilité et d'activité que celles qui sont cuites : on a soin de passer dans la cuve, s'il est possible, les soies cuites avant celles qui sont crues : si le bleu qu'on fait sur cru a besoin d'orseille ou des autres ingrédients dont on a parlé, on les traite comme les soies cuites.

Selon le Pileur d'Apligny, pour teindre le lin et le coton, c'est un tonneau qui contient à-peu-près cinq cents litres, qui sert de cuve ; la quantité d'indigo qu'on emploie est ordinairement de trois à quatre kilogrammes : on fait cuire cet indigo, après l'avoir pilé, dans une lessive tirée à clair, du double de son poids de potasse, et d'une quantité de chaux égale à celle de l'indigo ; on fait bouillir jusqu'à ce que l'indigo soit bien pénétré de la lessive, en remuant avec soin ce mélange, et en prenant garde que l'indigo ne s'attache au fond et ne se brûle.

Pendant la cuisson de l'indigo, on fait éteindre un poids égal de chaux vive ; on y ajoute environ vingt litres d'eau chaude, et on y fait dissoudre du sulfate de fer en quantité double de celle de la chaux. Lorsque la dissolution est finie, on verse la liqueur dans la cuve, qu'on doit auparavant remplir d'eau jusqu'à la moitié ou environ; on verse ensuite par dessus, la dissolution d'indigo, et l'on ajoute le reste de la lessive qui n'a pas été employée à la cuisson de l'indigo : lorsque tout est versé dans la cuve, on achève de la remplir d'eau à deux ou trois doigts du bord; on la pallie avec un rable deux ou trois fois par jour, jusqu'à ce qu'elle soit en état de teindre, ce qui arrive au bout de quarante-huit heures, souvent plutôt, suivant la température de l'air, qui accélère plus ou moins la formation de cette cuve.

Quelques-uns ajoutent à une cuve composée à-peu-près comme la précédente, un peu de son, de garance et de pastel (1).

On suit à Rouen un autre procédé, que Quatremere a décrit. Les cuves sont composées d'une espèce de pierre à fusil; l'intérieur et l'extérieur sont recouverts d'un enduit fait avec un ciment fin : on en a un certain nombre dans un atelier, et on les range sur une ou plusieurs files parallèles.

Une cuve peut contenir 4 muids d'eau, et on peut y mettre neuf à dix kilogrammes

(1) Procès-verbal des opérations de teint faites à Yvetot par François Gonin.

d'indigo, qu'on a fait macérer auparavant pendant huit jours, dans une lessive caustique, assez forte pour porter un œuf; on broie ensuite cet indigo dans un moulin dans lequel souvent la macération elle-même se fait; on remplit alors la cuve en y laissant un peu de vide, et on y introduit dix kilogrammes de chaux : lorsqu'elle est bien éteinte, ou pallie la cuve, on y ajoute dix-huit kilogrammes de sulfate de fer; et lorsque la dissolution est complète, on verse l'indigo moulu à travers un tamis; on pallie la cuve sept ou huit fois ce même jour, et, après un repos de trente-six heures, on peut teindre dessus.

Il faut avoir des cuves établies à des époques différentes : on commence par passer le coton ou le fil sur la cuve la plus épuisée, et on continue ensuite en allant de cuve en cuve jusqu'à la plus forte, à moins qu'on n'ait obtenu avant cette cuve la nuance à laquelle on veut atteindre. Il faut que le fil ou le coton soit mouillé avant d'entrer dans la première cuve : on ne doit pas le laisser dans le bain plus de cinq à six minutes, parce qu'il prend dans cet espace de temps à-peu-près tout le bleu dont il peut se charger.

Lorsqu'on vient de teindre sur une cuve, il faut la pallier, et ne plus travailler dessus qu'on ne l'ait laissée reposer au moins vingt-quatre heures; si cependant elle est établie nouvellement, elle n'a pas besoin d'un temps aussi long.

Quand une cuve a teint trois ou quatre fois, elle commence à s'altérer; lorsqu'on la pallie, on n'aperçoit plus de veines à sa superficie, où elle noircit; alors il faut la *renourrir*, et pour cela on y ajoute deux kilogrammes de sulfate de fer et un de chaux vive, et on la pallie deux fois; on peut renourrir trois ou quatre fois une cuve, en diminuant la dose à proportion qu'elle décheoit en force et en qualité.

Dans les cuves dont on vient de parler, c'est la potasse et la chaux qui donnent la solubilité à l'indigo qui est désoxidé par l'action du fer précipité: il faut en conclure que le sulfate de fer dont on fait usage, doit être peu oxidé, car lorsqu'il est à un grand état d'oxidation, il ne produit aucun effet.

On peut se servir de la chaux seule pour précipiter le sulfate de fer et pour dissoudre l'indigo désoxidé: alors la dissolution d'indigo est moins condensée et l'on ne parvient pas, ou du moins, on ne parvient pas si promptement à donner au coton un bleu si intense par le moyen de cette cuve qu'avec la précédente; mais cette circonstance même est souvent un avantage; quelques-uns augmentent la condensation de cette cuve, en y ajoutant un peu d'orpiment et de potasse.

Bergman et Haussman ont donné des descriptions particulières de cette cuve, avec des proportions un peu différentes : le dernier remarque à cette occasion que le sulfate de fer ne doit point contenir de cuivre ; car l'oxide de cuivre rétablit l'indigo que l'on a intérêt de tenir dans l'état de désoxidation, jusqu'à ce qu'il se soit combiné avec l'étoffe. Cette observation doit s'appliquer à tous les cas où l'on fait usage du sulfate de fer avec l'indigo : il remarque de plus que la toile de coton que l'on passe dans une eau acidulée par l'acide sulfurique, au sortir de cette cuve, prend un plus beau bleu, que si on se contente de la laver à la rivière ou de la faire sécher.

Nous allons indiquer une cuve de cette espèce, dont la bonne préparation est confirmée par l'expérience, avec les différents usages que l'on en fait.

Les proportions dont on se sert pour cette cuve, sont, une partie d'indigo, deux de sulfate de fer, deux de chaux : après l'avoir palliée plusieurs heures de suite, lorsqu'on la monte, on la laisse reposer deux jours et l'on y teint.

Avant de teindre on enlève la fleurée ; et chaque soir, lorsque le travail est fini, on donne la nourriture à la cuve, en y remettant du bouillon d'une petite cuve préparée pour cet usage avec une proportion d'eau beaucoup moins forte que dans la cuve où l'on teint et à laquelle on ajoute la fleurée de celle-ci. On la pallie, on la couvre et

Sulfate de fer . Couperose verte
Sulfate de cuivre Vitriol de Chypre

on la laisse en repos jusqu'à ce qu'on reprenne le travail ; lorsque la cuve s'affaiblit, on lui redonne un peu de force, en y ajoutant de la chaux et du sulfate de fer.

Pour teindre les toiles, on les maintient étendues sur des chassis, en fixant leurs lisières à de petits crochets, dont les traverses horizontales des chassis sont garnies ; on plonge à l'aide d'une poulie mouflée le chassis dans la cuve ; on lui donne pendant quelque temps un léger mouvement pour que la toile se mouille plus également, et on suspend le chassis, de manière que toute la largeur de la toile soit dans la cuve et que la partie inférieure du chassis ne touche point au dépôt. Après avoir laissé déverdir, on lave avec soin, sur-tout s'il y a des réserves imprimées. — Pour teindre en deux bleus et blanc, on imprime la réserve qui doit couvrir le blanc et le bleu pâle ; on teint, on lave et on imprime une seconde fois de la réserve sur les endroits qui doivent rester blancs ; ceux qui ayant été réservés à la première teinture, ne le sont point à la seconde, prennent un bleu moins foncé que le fond de la toile. — Quand les places réservées doivent être teintes après la teinture en bleu, on mêle le mordant à la réserve.

Pour les réserves, on met en usage la propriété qu'a l'oxide de cuivre de céder l'oxigène à l'indigo et de lui ôter par ce moyen la propriété de se fixer sur les étoffes.

Les réserves sont composées ordinairement de verdet-gris, de terre de pipe et de plusieurs substances qui varient dans les diverses recettes. Le verdet-gris est le seul qui agisse, la terre de pipe maintenue en suspension par le mucilage qui sert à épaissir les réserves, peut avoir l'avantage de diminuer la quantité du mucilage nécessaire à l'épaississement, et rend la réserve plus facile à employer. Au verdet-gris on joint ordinairement du sulfate de cuivre, et on ajoute de l'acide sulfurique sans doute pour rendre ce sel plus soluble. La composition d'une bonne réserve se réduit à employer la dissolution de cuivre la plus soluble; 1°. pour appliquer plus d'oxide sur la toile; 2°. pour que la cristallisation ne la rende pas difficile à imprimer : cependant pour les bleus très-foncés qui exigent un long séjour des toiles dans les cuves, il faut ajouter à la réserve quelque substance qui empêche qu'elle ne se délaie dans les cuves. On mêle pour cela du suif ou de la cire, pendant qu'on chauffe la réserve pour l'épaissir. — On employait beaucoup autrefois pour réserve, des compositions dont l'effet était dû à la cire : elle était tenue en dissolution pour être appliquée sur la toile où elle formait une sorte de vernis qu'on enlevait dans l'eau chaude après la teinture.

Si l'on veut donner à la toile des dessins bleus,

sur un fond blanc, genre qu'on appèle *bleu fayencé* ou *bleu anglais*, on divise ce procédé en différentes parties : on imprime sur la toile l'indigo broyé et mêlé avec du sulfate de fer, on passe les toiles tendues sur un chassis semblable à celui indiqué précédemment, dans une cuve contenant de la chaux : elle y séjourne quelque temps; on la plonge ensuite dans une cuve qui contient une dissolution de sulfate de fer, marquant de trois et demi à quatre degrés de l'aréomètre de Baumé. Elle retourne ensuite dans la cuve à chaux, et passe ainsi alternativement quatre fois d'une de ces cuves à l'autre. Lorsqu'elle sort pour la quatrième fois de la cuve au sulfate de fer, on la plonge dans une cuve qui contient une légère dissolution alcaline, où elle reste une heure, et enfin dans une quatrième cuve, qui renferme de l'acide sulfurique étendu d'eau.

Ce qui a lieu dans une cuve se passe ici sur la toile à la surface de laquelle on a appliqué l'indigo et le sulfate de fer. L'acide sulfurique dissout l'oxide de fer, dont la toile est couverte : il faut ordinairement pour l'enlever complètement, faire passer la toile dans cet acide chauffé dans une chaudière de plomb.

Pour avoir des dessins en bleus fayancés, qui portent des bleus différents, il suffit de mettre dans la couleur qu'on imprime, des quantités différentes d'indigo.

Bergman décrit une autre cuve, qui est très-commode et très-expéditive pour le fil et le coton, et qui est aussi décrite par Scheffer (1). On prend une dissolution d'alcali très-forte ; on y ajoute 12 grammes d'indigo bien pulvérisé pour chaque litre de liqueur : après quelques minutes, quand l'indigo en est bien pénétré, on met dans la liqueur 24 grammes d'orpiment en poudre ; il faut bien pallier, et dans peu de minutes le bain devient vert, fait de la fleurée bleue et montre une pellicule ; alors il faut cesser le feu, et teindre.

Cette cuve ne diffère de la préparation dont on se sert pour appliquer sur les toiles de coton, et qu'on appèle *bleu d'application*, que par les proportions d'orpiment, et sur-tout d'indigo, qui sont beaucoup plus grandes dans cette dernière. Pour cette préparation, on emploie, selon Haussmann, sur 100 kilogrammes d'eau, 15 de potasse, 6 de chaux vive, autant d'orpiment et 8 kilogrammes d'indigo. Oberkampf, dont tous les procédés ont été perfectionnés avec tant de soin, emploie encore une proportion plus forte d'indigo. Dans le procédé de Bergman, l'indigo forme à-peu près le vingt-quatrième de l'eau, encore moins dans celui de Scheffer, le douzième dans celui de Haussmann, et le neuvième dans

(1) Essai sur l'art de la teinture.

celui d'Oberkampf. Les proportions des autres ingrédients varient dans ces différents procédés : il y a apparence que ces préparations peuvent réussir dans une échelle fort étendue pour les proportions, et il ne serait pas facile de déterminer quelles sont les plus avantageuses pour l'objet qu'on se propose.

On se sert donc de trois procédés pour donner le bleu dans l'art de l'impression des toiles.

Le premier de ces procédés est employé pour teindre les toiles dont le fond doit être bleu ou vert, et lorsqu'elles portent des couleurs qu'on veut empêcher de varier dans la cuve, on les couvre de la réserve employée pour le blanc.

Si la toile doit rester en fond blanc, et porter des dessins bleus d'une ou de plusieurs nuances, on se sert du second de ces procédés. Quelquefois on joint une ou deux couleurs au bleu fait ainsi ; mais alors elles doivent être appliquées après la teinture en bleu, parce qu'il n'est point de couleur qui ne soit ou détruite, ou fortement altérée dans les opérations qu'elle exige.

Enfin, dans d'autres circonstances, il faut porter du bleu sur une toile couverte d'un dessin dont toutes les parties sont déjà colorées, et qui ne laisse que de petits objets à colorer en bleu. On se sert pour cela du bleu que l'on applique au pinceau.

Ce bleu d'application s'épaissit à la gomme, et

se met au pinceau : on peut l'imprimer en couvrant d'un canevas le chassis qui contient la couleur épaissie, et enlevant avec une racle avant d'appliquer la planche, l'indigo régénéré ; mais on ne peut appliquer ainsi que de petits objets d'un bleu peu intense, et qui réussit rarement.

Bancroft dit qu'il a substitué avec succès le sucre au sulfure d'arsenic ; ce qui serait avantageux pour le prix et sur-tout pour éviter les qualités vénéneuses de cette substance : l'expérience ne nous a pas réussi.

On a tenté de préparer le bleu d'application, par le moyen de l'oxide d'étain ; mais on n'a pas encore trouvé le degré de concentration de la dissolution alcaline suffisant pour la dissolution de l'oxide et de l'indigo, et telle qu'elle soit susceptible d'épaisissement par les gommes. Ce point trouvé, on aura un bleu de pinceau qui aura le très-grand avantage de ne point donner lieu au dépôt volumineux qui embarrasse toujours les vaisseaux où se fait ce bleu par les procédés usités et qui, quelque bien lavé qu'il soit, entraîne toujours une perte considérable d'indigo.

En imprimant sur une toile de l'indigo broyé avec de l'oxide d'étain, et passant la toile dans une dissolution d'oxide d'étain par la potasse, on a des bleus fayancés faits dans une seule cuve. Nous n'avons pu faire ainsi que des bleus légers. Si ce procédé était amené au point de produire des bleus plus montes, il présenterait de grands avantages.

CHAPITRE IV.

Du bleu de Saxe.

On donne le nom de *bleu de Saxe* à la teinture pour laquelle on fait usage de la dissolution de l'indigo par l'acide sulfurique, parce que c'est à Grossenhayn, en Saxe, qu'elle fut découverte par le conseiller Barth, environ l'an 1740. Cette découverte fut tenue secrète pendant quelque temps, mais peu-à-peu elle se répandit. Dans les commencements, on ne fit pas la dissolution avec l'indigo seul, mais on ajoutait de l'alumine et de l'antimoine, et encore d'autres substances minérales qu'on mettait préalablement en digestion avec l'acide sulfurique ; on ajoutait ensuite l'indigo, et lorsque la dissolution était faite, on s'en servait pour la teinture.

Bergman a fait sur cette dissolution de l'indigo beaucoup d'expériences qui ont jeté un grand jour non-seulement sur ses propriétés, mais encore sur la cause générale de la fixation des parties colorantes sur les étoffes.

Il emploie, comme on l'a indiqué ci-devant,

une partie d'indigo bien pulvérisé avec huit parties d'acide sulfurique ou vitriolique, tellement concentré, que sa pesanteur spécifique est à celle de l'eau distillée comme 1900 est à 1000. Il fait le mélange dans un flacon de verre qu'il bouche légèrement : il s'excite une grande chaleur ; après une digestion de 24 heures, à une chaleur de 30 à 40 degrés, l'indigo est dissous, mais le mélange est tout-à-fait opaque et noir ; en ajoutant de l'eau, il s'éclaircit et donne successivement toutes les nuances de bleu, selon la quantité d'eau. Dans un grand nombre d'expériences que décrit cet illustre chimiste, il a tenu dans l'eau bouillante, pendant 24 heures, l'étoffe destinée à être teinte, ensuite il en a mis un poids déterminé dans le bain plus ou moins fort, jusqu'à ce que le bain fût décoloré. Il résulte de ces expériences, qu'une partie d'indigo peut, par ce procédé, produire un bleu noir sur 260 parties d'étoffe, qui paraît alors être saturée, et ne pouvoir prendre, d'une manière solide, plus d'indigo ; 2°. que le bain froid agit aussi bien que le chaud ; 3°. que l'opération peut se faire sans perte d'indigo, car le bain peut se décolorer entièrement ; et s'il a été trop chargé, on peut ajouter de l'étoffe qui ne soit point saturée et qui absorbe toute la couleur restante ; 4°. que le bain saturé avec du sel de soude ne donne qu'une couleur très-pâle, et qu'avec le sulfate de soude, il donne un bleu clair, mais beaucoup moins affaibli, de sorte que ces sels nuisent plus ou moins à cette teinture.

De pareilles expériences ont été faites sur la soie, qui avait été trempée également dans l'eau chaude, et qui a été retirée du bain après 144 heures. La teinture d'indigo fait du bleu sur la soie comme sur l'étoffe, mais l'affinité qui doit précipiter les molécules bleues est plus faible : quoique les échantillons de soie résistent fort bien à l'eau seule, ils ne peuvent cependant supporter l'action du savon.

Les fils et cotons n'ont pu prendre, par cette teinture, que des nuances très-pâles.

Les nuances les plus foncées, qu'on obtient par ce procédé en employant de l'acide sulfurique concentré, ne s'altèrent point à ce que prétend Bergman : il dit qu'ayant exposé au soleil tous les échantillons pendant deux mois, les bleus pers et turquins se sont à peine affaiblis ; mais que les nuances claires souffrent beaucoup plus, qu'elles deviennent ternes et qu'elles verdissent.

Quatremere dit qu'entre plusieurs ateliers, il n'en a trouvé que deux où l'on connût le moyen de faire pénétrer la teinture d'indigo par l'acide sulfurique dans l'intérieur de l'étoffe, ce qu'on appelle *percer* ou *trancher*; et qu'il lui a donné cette propriété en y introduisant de l'alcali fixe, une partie contre une partie d'indigo et six d'acide sulfurique. Il a teint avec cette préparation un échantillon du bleu le plus vif et le plus foncé, et la tranche était aussi foncée que la surface.

Poerner, qui s'est beaucoup occupé de cette préparation, conseille aussi l'addition de l'alcali (1) : il dit que, par ce moyen, les couleurs sont plus agréables et qu'elles pénètrent davantage. Il prescrit encore de ne mettre que quatre parties d'acide sulfurique contre une d'indigo. Dans le procédé qu'il décrit, on verse quatre parties d'acide sulfurique concentré sur une partie d'indigo réduit en poudre fine; on remue pendant quelque temps ce mélange; on le laisse reposer pendant vingt-quatre heures; on y ajoute alors une partie de bonne potasse sèche et réduite en poudre fine; on remue bien le tout, on le laisse reposer vingt-quatre heures; après cela on y ajoute peu à peu une quantité plus ou moins grande d'eau.

Le même auteur annonce qu'il a trouvé une préparation de l'indigo sous forme sèche, qui est plus avantageuse et d'un usage plus facile et plus commode que la précédente, mais qu'il ne peut encore la communiquer au public.

Bancroft adopte les proportions d'acide sulfurique et d'indigo et l'addition d'alcali, conseillées par Poerner; il dit même qu'on peut affaiblir jusqu'à un certain point l'acide sulfurique :

(1) Instruction sur l'art de la teinture, etc.

il remarque que l'indigo de Guatimalo est plus propre à cette dissolution que les autres et il attribue cette propriété à ce qu'il est plus oxigéné, parce que probablement on n'a pas employé d'eau de chaux dans sa préparation et qu'il a fallu, à cause de cela, le soumettre à un plus long battage pour en opérer la précipitation; cependant la différence que l'indigo de Guatimalo présente à cet égard, pourrait bien n'être due qu'à ce qu'il donne moins de substance extractive jaune, et à ce que ses molécules offrent moins de résistance à l'action de l'acide par leur cohésion.

Bancroft dit qu'en précipitant par le carbonate de chaux la dissolution d'indigo, on a un précipité bleu qui peut servir à teindre immédiatement : ce pourrait bien être la préparation annoncée par Poerner.

Bergman pensait que le bleu de Saxe ne devait son peu de solidité qu'à la concentration trop faible de l'acide, dont on se sert pour la dissolution de l'indigo; mais ses épreuves l'auront induit en erreur à cet égard.

Pour se diriger dans la préparation et dans l'emploi de la dissolution d'indigo, il faut se rappeler ce que nous avons établi ci-devant.

L'indigo reçoit dans cette dissolution une altération que l'on ne peut éviter; mais on doit faire ensorte qu'elle soit aussi faible qu'il est possible; en conséquence, ménager autant qu'il est possible la chaleur, la concentration et la quantité de l'acide sulfurique; lorsque la dissolution est faite, il convient de l'étendre d'eau pour la conserver, afin que la dégradation ne fasse pas des progrès.

Une petite quantité d'alcali peut avoir de bons effets; mais une quantité plus considérable serait nuisible, puisque l'alcali a la propriété de dissoudre les molécules bleues précipitées de l'acide sulfurique; aussi, comme l'observe Haussman, le savon et les alcalis jaunissent les étoffes teintes en bleu de Saxe, et l'eau suffit même pour en séparer les parties colorantes fixées sur le coton.

Dans le procédé dont on se sert ordinairement pour teindre en bleu de Saxe, on prépare le drap avec l'alun et le tartre; l'on met dans le bain une proportion plus ou moins grande de dissolution d'indigo, selon la nuance plus ou moins foncée que l'on veut obtenir. On donne, dans les ateliers, le nom de *composition* à cette dissolution, et souvent celui de *bleu de Prusse* au bleu de Saxe. Les nuances claires peuvent se faire à la suite des nuances foncées; mais elles ont plus d'éclat si on les fait en bain frais. Pour les nuances foncées, il est avantageux de verser la dissolution d'indigo par parties, en relevant le drap sur le tour.

On donnera d'autres détails sur cette teinture,

et particulièrement sur le bleu *anglais* qui en est une modification, en traitant du vert dans la sixième section.

CHAPITRE V.

De la teinture en bleu par le moyen du prussiate de fer.

COMME le prussiate de fer ou bleu de Prusse, fournit à la peinture une couleur belle et solide, on a tâché d'en étendre l'usage à la teinture. C'est Macquer qui, après avoir donné des observations importantes sur la nature de cette substance, a cherché à la rendre utile à cet art.

Les propriétés chimiques du principe qui forme le bleu de Prusse avec l'oxide de fer, donnent naissance à des combinaisons et à des phénomènes très-variés, et dont nous nous bornerons à donner une idée moins rigoureusement exacte, que propre à diriger dans les opérations où on les met en usage.

Ce principe est dû à une combinaison qui se forme lorsqu'après avoir calciné avec un alcali un charbon qui contient de l'azote, tel qu'est celui des substances animales, on l'humecte; l'eau se décompose; son hydrogène forme d'une part de l'ammoniaque avec l'azote, et de l'autre le principe colorant du bleu de Prusse avec de l'azote et du carbone, pendant que son oxigène produit de l'acide carbonique. Si le charbon a été exposé à une trop forte chaleur, il se trouve privé de l'azote, comme l'a observé Gay-Lussac, et alors il ne peut plus produire ni ammoniaque, ni le principe colorant du bleu de Prusse.

On donne le nom d'acide à ce principe colorant; cependant il n'a pas par lui-même cette propriété, mais il l'acquiert en se combinant avec un oxide métallique, particulièrement avec l'oxide de fer; car alors il sature les propriétés alcalines; comme c'est dans cet état qu'il se trouve dans les prussiates alcalins, nous l'appellerons ainsi indépendamment de sa surcomposition.

Lors donc que l'on fait agir un alcali sur le prussiate de fer, l'acide prussique qui retient de l'oxide de fer, sature l'acali, et l'on obtient par là les prussiates d'alcali; cependant l'oxide de fer retient une certaine proportion d'acide prussique: ce dernier composé a une couleur jaune: dans cet état un acide fait un partage de l'oxide de fer, jusqu'à ce que le prussiate jaune soit ramené à l'état de prussiate bleu; à ce terme, les acides ne peuvent plus détruire la combinaison, à moins qu'on n'emploie la chaleur.

Les acides ne peuvent également décomposer

les prussiates d'alcali, sans une élévation de température ou sans l'action de la lumière; alors une partie de l'acide prussique prend l'état élastique et se volatilise, pendant qu'une autre se précipite avec l'oxide, en prussiate bleu.

Si l'on mêle une dissolution de fer avec un prussiate d'alcali, l'oxide se combine avec l'acide prussique et se précipite; mais il retient une partie de l'alcali dans sa composition, en sorte que le prussiate d'alcali et le prussiate de fer doivent être considérés l'un et l'autre comme des combinaisons triples; dans l'une c'est l'oxide de fer qui domine; dans l'autre c'est l'alcali. Examinons les moyens par lesquels on peut fixer cette première combinaison sur les étoffes.

Macquer essaya d'abord de tremperdu fil de coton, de la laine et de la soie dans une dissolution d'alun et de sulfate de fer, ensuite dans une dissolution alcaline qui était en partie saturée d'acide prussique, puis dans une eau acidulée d'acide sulfurique, qui devait dissoudre la partie de l'oxide de fer qui n'est pas combinée avec l'acide prussique, et qui a été précipitée par l'alcali non combiné avec cet acide. Il répéta des immersions successives. Il obtint un beau bleu, mais très-inégal : la laine et la soie étaient devenues rudes au toucher par l'action de l'alcali, ainsi que par celle de l'acide sulfurique.

Il est facile de voir que ce procédé ne doit

pas avoir de succès : car comme l'on se sert d'un alcali qui n'est pas saturé d'acide prussique, dans une seconde immersion, la partie de l'alcali non saturée doit dissoudre plus ou moins du bleu qui s'était fixé dans la première. Si donc l'on voulait reprendre ces expériences, il faudrait employer un alcali saturé d'acide prussique, ou l'eau de chaux, et sur-tout la magnésie, qui ont aussi la propriété de se combiner avec cet acide.

Dans un second procédé, ce savant chimiste fit bouillir ses échantillons dans une dissolution d'alun et de tartre, et les passa ensuite dans un bain où il avait mêlé mécaniquement du bleu de Prusse. Ils s'y teignirent également et étaient doux au toucher, mais la nuance était faible, sans qu'il fût possible de la rendre plus foncée.

Menon proposa un autre procédé pour le fil et le coton ; il consiste à teindre d'abord l'étoffe en noir, et à laisser ensuite tremper quelques minutes dans une dissolution de prussiate d'alcali ; on la fait bouillir après cela dans une dissolution d'alun, où elle prend un bleu très-foncé. Il s'est formé une combinaison bleue, et l'alun dissout les parties qui sont restées noires ; mais l'effet doit être très-inégal, selon les circonstances.

On a fait plusieurs épreuves pour tirer avantage de ces expériences, et sur-tout de la première méthode ; mais quelques soins qu'on ait pris, la couleur était souvent faible, terne et mal unie. On y avait renoncé pour se borner à l'usage d'un procédé qui a beaucoup de rapport avec le second de Macquer : seulement on délaie le bleu de Prusse par le moyen de l'acide muriatique, qui n'en fait pas une véritable dissolution, mais qui l'atténue assez par son affinité pour le faire pénétrer plus abondamment dans les étoffes de coton (1). On va rapporter littéralement la description qu'en donne Roland de la Platiere, et qui est conforme à la pratique de quelques teinturiers.

Sur du beau bleu de Prusse pulvérisé et passé au tamis très-fin, mis dans un vase de faïence en dose indéterminée, mais à raison de 0,5 kilogr. par pièce d'étoffe, versez de l'acide muriatique jusqu'à ce que la matière vienne en consistance de sirop; remuez toujours, lors de la fermentation, pendant environ une demi-heure, délayez bien et remuez encore d'heure en heure pendant une journée, jusqu'à ce qu'enfin on n'aperçoive plus de fermentation, que la division des parties entre elles soit très-grande, que leur union avec l'acide soit intime.

Dans un baquet plus étroit que les baquets ordinaires et plus évasé par le haut, de deux pieds de diamètre par bas, et de deux pieds et

(1) L'art du fabricant de velours de coton.

demi par haut, de hauteur égale à son évasement, mettez sept à huit seaux d'eau pour une pièce de velours; ajoutez-y de la composition qu'on a bien délayée avec de l'eau, dans un vase à part; versez-la dans le bain à travers un tamis bien fin, et aussitôt que la pièce est disposée sur le tourniquet placé au-dessus du baquet, palliez fortement le bain, et abattez promptement, travaillant avec le plus d'activité qu'il est possible pendant une, deux, trois heures, en passant la pièce successivement du tourniquet à la planche et de la planche au tourniquet.

Comme le bleu de Prusse n'est réellement pas dissous, qu'il n'est que très-atténué, et qu'il a dû poids, il se dépose rapidement sur la matière, et toujours en plus grande quantité sur la première qui se présente : il en résulte que la couleur est d'abord ondée et souvent placardée, quelque soin qu'on prenne : on ne doit point s'en étonner; il faut cependant éviter ces accidents le plus qu'il est possible; travailler et retravailler l'étoffe; laver avec le bain même les parties trop atteintes; retravailler tantôt un bout le premier, tantôt l'autre, faire sécher; enfin retravailler de nouveau, toujours le plus également et le plus promptement; faire sécher encore une fois, s'il en est besoin, et retravailler encore, jusqu'à ce que la nuance soit au point qu'on la desire, et que la couleur soit bien unie : c'est la couleur pour laquelle il faut un ouvrier des plus exercés. On lave l'étoffe entre chaque sec ; on la bat : il faut en toutes sortes de bains, que l'étoffe y soit toujours bien humectée ; sèche, elle ne se pénétrerait qu'avec beaucoup de peine et toujours très-inégalement. Définitivement on ne lave point, on fait sécher à la rame, au grand air, au soleil ou à l'ombre, pourvu que la pièce soit bien étendue.

Cette couleur, une des plus belles que l'art puisse produire, est inaltérable à l'air et à toutes ses intempéries, lorsqu'elle est bien faite : Roland de la Platiere en a exposé ainsi des échantillons pendant six mois de suite ; elle a remonté pendant long-temps ; elle a enfin perdu. Les acides ne lui sont pas contraires ; le débouilli même à l'alun ne l'altère que faiblement ; mais la poussière, et le frottement sur le dos des plis la ternissent bientôt.

Les moyens que l'on a indiqués jusqu'ici pour fixer la belle couleur du bleu de Prusse sur les étoffes n'ont pas rempli cet objet : les premiers qui produisent une combinaison, ne donnent qu'une couleur ou faible ou très-inégale ; le dernier ne procure presque qu'une fixation mécanique de molécules bleues, qu'un léger frottement peut séparer. On a cherché à donner plus d'utilité au moyen de combinaison (1).

On ne peut produire une combinaison entre

(1) Ann. de Chim. tom. XXI.

le prussiate de fer et une étoffe, que lorsque l'oxide de fer est d'abord combiné avec l'étoffe, pour recevoir l'acide prussique, parce qu'il est insoluble, et il ressemble à cet égard à l'indigo; mais en imprégnant directement une étoffe d'une dissolution de fer pour qu'elle se combine avec l'oxide de ce métal, on ne peut éviter des inégalités qui deviennent très-sensibles, lorsqu'on les change en prussiate; on prévient cet inconvénient en teignant d'abord l'étoffe en gris ou en nuance plus foncée, selon le bleu que l'on veut obtenir; car dans cette première teinture il s'est fait une combinaison plus uniforme d'oxide de fer et d'astringent avec l'étoffe.

Un prussiate alcalin ne céderait pas l'acide prussique à l'étoffe; mais en ajoutant un acide tel que l'acide sulfurique, l'action que celui-ci exerce sur la base alcaline du prussiate, détermine la séparation de l'acide prussique qui entre alors en combinaison avec l'oxide de fer uni à l'étoffe, en chasse l'astringent et se substitue à sa place en donnant une belle couleur bleue. Tous les prussiates solubles peuvent être employés pour cet effet.

Le procédé qui a été suivi, consiste à étendre de trois ou quatre parties d'eau, le prussiate de chaux, ou à dissoudre une quantité correspondante de prussiate d'alcali dans l'eau; à tenir la liqueur à une chaleur de 20 à 30 degrés, et à y plonger pendant quelques minutes, l'étoffe teinte préliminairement d'une nuance plus ou moins foncée du gris au noir : il est bon de commencer par la tremper dans l'eau chaude, et au sortir de la liqueur, on la passe dans l'eau froide. L'acide sulfurique a mieux réussi que l'acide muriatique. C'est sur-tout pour obtenir de beaux verts, que ce moyen peut être utile; nous en parlerons ailleurs.

Les épreuves n'avaient été faites que sur le coton et sur la soie : Bancroft a trouvé que le procédé avait le même succès avec la laine.

La propriété qu'ont les prussiates de former du bleu en cédant l'acide prussique à l'oxide de fer, peut les rendre utiles, en les employant de la même manière, pour rétablir la couleur des étoffes noires dont l'astringent a été détruit par la vétusté, et dans lesquelles l'oxide de fer devenu dominant, produit une teinte rousse : ils peuvent aussi foncer les noirs imparfaits : par-là se fait un mélange de bleu et de noir qui augmente, comme on l'a vu, l'intensité du dernier.

Les effets de l'acide prussique que nous venons d'exposer, ont le grand inconvénient d'être détruits par l'action des alcalis et du savon, parce que les alcalis décomposent le prussiate qui s'est formé. Cet inconvénient est sur-tout grave pour les étoffes de coton : si donc on s'en sert pour ces étoffes, il faut, pour les nettoyer, employer le son ou d'autres détersifs au lieu de savon.

Bancroft a fait plusieurs expériences intéressantes pour appliquer les autres prussiates métalliques aux étoffes : il a sur-tout obtenu une belle couleur de cuivre rouge en se servant des dissolutions du cuivre : nous avons eu cette couleur en imprégnant le coton d'une dissolution de cuivre, et en suivant pour le reste le procédé que nous venons de décrire. Hathett s'est aussi servi des dissolutions de cuivre pour former par le moyen des prussiates alcalins, un prussiate de cuivre d'une couleur tirant sur le brun, qui a présenté des propriétés intéressantes, en l'appliquant comme couleur (1).

On fesait autrefois le vert céladon par le moyen du sulfate de cuivre ; mais cette couleur qui approche beaucoup du bleu, n'a point de solidité et n'est plus d'usage : cependant on va indiquer les procédés qu'on employait. On passait le drap lavé au foulon et humecté d'eau chaude, dans une dissolution bien saturée de savon, pendant environ une heure, ensuite on le passait pendant une demi-heure ou trois quarts-d'heure dans une dis-

(1) Biblioth. britan. vol. 22.

Dans les épreuves sur les prussiates métalliques, il ne faut pas perdre de vue que les prussiates alcalins contiennent du prussiate de fer qui est précipité dans l'opération, et dont la couleur peut faire varier celle de l'autre prussiate ; si celui-ci se trouve soluble, on peut lui attribuer un résultat qui n'est réellement dû qu'au prussiate de fer.

solution de sulfate de cuivre ou vitriol bleu ; on empêchait par le moyen d'un filet que le drap ne se ternît par le dépôt du savon et du sulfate de cuivre ; quelquefois, pour obtenir un vert plus décidé, on mêlait une dissolution de cuivre au bain de gaude ; quelquefois on subsituait le vert-de-gris au sulfate de cuivre. Hellot décrit un procédé un peu différent, par lequel les Hollandais obtenaient très-bien cette couleur. Il dit qu'ils mêlaient parties égales de chaux et de sulfate de cuivre dans un sac, et que de la chaudière qui contenait la dissolution de savon, ils fesaient tourner le drap dans une autre chaudière contiguë, où les molécules de cuivre qui s'échappaient à travers le sac, le verdissaient.

Les couleurs bleues que l'on obtient par le moyen du campêche, et dont nous parlerons plus particulièrement, en traitant des propriétés de cette substance colorante, ne peuvent être comparées sous le rapport de la solidité, à celles qui sont dues à l'indigo et au prussiate de fer.

SECTION III.

DU ROUGE.

CHAPITRE PREMIER.

De la garance.

La garance, dont on fait un usage très-étendu en teinture, est la racine d'une plante dont Linneus distingue deux espèces ; la première, *rubia tinctorum foliis senis*; la deuxième, *rubia peregrina foliis quaternis.* La première a deux variétés, la garance cultivée, et la garance sauvage, que l'on nomme aussi *rubia sylvestris monspessulana major.*

Quoique la garance puisse croître dans un terrain compacte, argileux, ou dans le sable, elle réussit cependant mieux dans une terre médiocrement grasse, molle, humide et très-légèrement sabloneuse; on la cultive dans plusieurs de nos départemens. On a généralement regardé comme la meilleure qui croisse en Europe, celle de la Zélande ; mais celle que l'on cultive dans les départemens du Rhin ne lui est pas inférieure.

La garance préparée pour l'usage de la teinture se distingue en differentes qualités. On apèle *garance grape* celle qui provient des mères racines, et *non grape* celle qui est le produit des tiges qui ont été enfouies dans la terre, où elles se sont transformées en racines, et auxquelles on donne le nom de *couchis*. Chacune de ces espèces se sous-divise en garance robée, en mi-robée, et en non-robée, courte ou mâle.

Lorsqu'on arrache les racines de la garance, on sépare le couchis pour en former la garance non grape, et on y joint le chevelu qui n'a pas acquis une certaine grosseur; on y joint encore les racines qui sont trop grosses et qui contiennent beaucoup de cœur ou de parties ligneuses. Les meilleures racines sont celles qui ont la grosseur d'une plume à écrire, ou du petit doigt tout au plus; elles sont demi-transparentes et rougeâtres, elles ont une odeur forte, et leur écorce est unie.

La garance tirée de terre et triée doit être desséchée pour pouvoir se moudre et se conserver: on la séche, dans les pays chauds, au grand air: mais ailleurs on est obligé d'employer des étuves.

Il résulte de cette différence de préparation, ou peut-être aussi d'une varieté dans la plante, que l'on doit distinguer deux espèces de garance qui différent par leurs propriétés tinctoriales.

La première qui est cultivée à Smirne, dans l'île de Chipre, et dans le Levant est connue sous le nom de *lizari* : la culture s'en est établie dans nos départements méridionaux et elle n'y est point inférieure : nous allons donner un précis de la préparation, qu'on lui fait subir dans nos départements méridionaux, d'après des notes que nous devons à Chaptal : nous parlerons ensuite de la préparation de la garance ordinaire.

On sèche les racines à l'air sur un sol pavé ou sur une claie. On les remue avec une fourche et on les bat légèrement pour en séparer l'épiderme et la terre. Ce qui reste sur le sol, composé de terre, d'épiderme, et de menues racines, est criblé, et ce qui est retenu sur le crible, forme ce qu'on appèle *billou*, garance commune qui n'est propre qu'aux couleurs obscures. Les racines de garance ainsi épluchées sont broyées, soit sous une meule de pierre, soit sous des couteaux semblables à ceux des moulins à tan ; on sépare au moyen du van ou du bluteau, après une première mouture, la garance appelée *non robée* et qui est composée d'un reste de terre, d'épiderme et d'écorce. Après une seconde mouture, ce qu'on sépare est appelé garance *mi-robée*. Enfin après une troisième mouture on a la garance *robée*, c'est la meilleure qualité. La mirobée est cependant préférable, lors qu'elle provient de racines un peu grosses. Lorsqu'on mout pour son usage, on ne fait qu'une qualité, ou si l'on veut avoir une couleur très-brillante, on sépare la plus mauvaise qualité par une première mouture, et l'on emploie le produit de la seconde, connue dans le midi sous le nom de *grappier*.

Les racines de bonne qualité, sont de grosseur médiocre, peu rameuses et leur cassure est d'un jaune rougeâtre vif; celles qui sont ridées par suite du desséchement ne sont point bonnes. — Pour que la garance soit convenablement nourrie, il faut qu'elle ait atteint sa troisième année, et qu'on l'arrache dans la quatrième.

La préparation des garances se fait dans les départements du Rhin, par des opérations plus nombreuses.

On sèche les racines dans une étuve échauffée au moyen d'un fourneau, et dans laquelle on ne donne issue à l'air que par intervalle, au moment où l'on croit l'air saturé d'humidité. Le fourneau occupe une grande partie du sol, au-dessus sont trois étages à claire-voie sur lesquels on dispose les racines, par couches d'environ deux décimèt. d'épaisseur. Au bout de vingt-quatre heures, celles qui se trouvent sur le premier sol directement au-dessus du four, sont sèches, on les retire, on les remplace par celles des étages supérieurs : cette manœuvre se répète toutes les fois que les racines qui sont au-dessus du four sont sèches. Les racines sèches sont battues au fléau, puis passées à un talard semblable à celui qu'on emploie pour le bled, ensuite on les passe dans un crible très grossier. Ce qui passe est encore battu, talardé et criblé à un crible plus fin que le premier ; on répète cinq fois ces opérations en passant successivement à des cribles de plus en plus fins, et mettant chaque fois à part ce qui reste sur le crible. Ce qui passe à travers le cinquième crible est rejeté comme sable et poussière ; après ces opérations on vanne avec des vans ordinaires toutes les racines qui sont restées sur les cribles, et des femmes en séparent toutes les substances étrangères qui ne l'ont point été jusques-là. Pour diviser ensuite les racines en différentes qualités, on se sert de tamis faits en laiton et dont les réseaux ont de six à trois millimètres de grandeur. On rejète ce qui passe à travers le plus fin et l'on régarde, comme de meilleure qualité, ce qui a été séparé par le plus gros tamis. Ces racines ainsi séparées sont portées dans une étuve d'une construction un peu différente de celle de la première. On les étend par lits d'environ un décimètre, sur des grands chassis garnis en treillis ; on reconnaît que la dessiccation est complète, lorsqu'en en prenant une poignée et la serrant dans la main, les racines se brisent facilement. Lorsqu'on sort la garance de cette étuve on la porte encore chaude dans une machine où elle est rapée, on sépare par un crible la partie de l'écorce réduite en poudre, on répète cette opération trois ou quatre fois, puis on passe à un bluteau; ce qui passe par l'étamine ou les fils de laiton du bluteau, est regardé comme garance commune, et ce qui sort par l'extrémité du bluteau est appelé la fleur. Enfin ce qui sort du bluteau est broyé dans un moulin à meules verticales, puis passé à travers des tamis de diverses grosseurs; ce qui reste dessus est toujours supérieur à ce qui passe.

La garance d'Alsace est réduite en poudre extrêmement fine, et on en extrait la matière colorante par une ébullition beaucoup moins longue que celle qui est nécessaire pour le lizari. On doit préserver avec soin de l'humidité, les garances préparées, parce qu'elles s'en imprégnent facilement et qu'alors la fermentation altère leur couleur.

D'Ambourney et Beckman ont prétendu qu'il était plus avantageux d'employer la racine fraîche de la garance, que lorsqu'elle a été soumise à la dessiccation, sur-tout par le moyen des étuves; mais dans l'état de fraîcheur, son volume devient embarrassant dans le bain de teinture, et une observation constante paraît prouver qu'elle s'améliore par la vétusté: d'ailleurs il faut qu'elle puisse être conservée et d'un transport facile.

Le célèbre Watt a fait sur une garance de Zélande bien choisie, des expériences propres à faire connaître les propriétés de ses parties colorantes : nous allons les rapporter.

A. Cette garance est d'une couleur orangée tirant sur le brun, en poudre grossière un peu cohérente ; elle attire l'humidité, et dans cet état elle perd ses propriétés, de manière qu'enfin elle ne peut servir à la teinture.

B. Elle donne avec l'eau une infusion de couleur orangée tirant sur le brun. Il faut beaucoup d'eau pour en extraire la partie colorante : Margraff prescrit trois litres d'eau pour six grammes de garance. L'eau en extrait les parties colorantes soit à chaud soit à froid ; mais elle paraît donner une couleur plus belle à froid ; sa décoction est plus brune.

C. Lorsque l'infusion ou la décoction est lentement évaporée dans un vaisseau ouvert, il se forme à sa surface une membrane qui tombe peu à peu au fond du vase ; après cela il se forme encore de nouvelles membranes qui se succèdent jusqu'à la fin de l'évaporation.

D. L'extrait ainsi formé est d'un brun sombre ; il ne se dissout qu'en partie dans l'eau, à laquelle il communique une couleur qui tire légèrement sur le brun.

E. L'infusion mise à digérer pendant quelques jours dans un vaisseau qui doit être élevé pour que la liqueur qui est réduite en vapeurs puisse retomber et dont l'extrémité doit être ouverte, laisse déposer des pellicules d'un brun foncé : la liqueur reste légérement brune et les pellicules se dissolvent difficilement dans l'eau.

F. L'alun forme dans l'infusion (B) un précipité d'un rouge brun foncé, composé de pellicules, et la liqueur qui surnage est d'un jaune tirant sur le brun.

G. Les carbonates alcalins précipitent de cette dernière liqueur une lacque d'un rouge de sang, dont la couleur a plus ou moins d'intensité, selon la quantité d'alun qui y avait été dissoute. On peut obtenir de cette manière une lacque d'un rouge de sang : mais tous les moyens connus jusqu'à présent n'ont pu lui donner le brillant de la lacque de cochenille : elle est transparente dans l'huile, mais dans l'eau elle est opaque et sans beauté.

H. Si l'on emploie une surabondance d'alcali, le précipité se redissout et la liqueur devient rouge.

I. L'alcali minéral ne précipite pas une lacque d'une si belle couleur que la potasse.

K. La terre calcaire précipite une lacque d'une couleur plus sombre et plus brune que les alcalis, particulièrement si elle forme de l'eau de chaux.

L. Si l'on ajoute quelques gouttes d'alcali à l'eau dont on se sert pour faire l'infusion (B), cette infusion extrait beaucoup de parties colorantes d'un rouge foncé tirant sur le brun.

1°. L'alun précipite de cette infusion une lacque d'un brun foncé ;

2°. Les acides qu'on y ajoute en petite quantité la font tirer sur le jaune, et en plus grande quantité, ils la rendent d'un jaune brun ; mais ils n'en précipitent rien ;

3°. Cette infusion étant évaporée jusqu'à dessiccation, forme un extrait gommeux qui se dissout facilement dans l'eau.

M. Si l'on fait l'infusion (B) dans une eau très-légèrement acidulée par un acide minéral, elle est jaunâtre.

1°. Si l'on fait une longue digestion, cette liqueur devient d'un brun verdâtre, et le jaune en paraît détruit ;

2°. L'addition d'un alcali rétablit la couleur rouge, et l'infusion donne alors, par l'évaporation, un extrait qui se dissout facilement dans l'eau.

N. Si l'on met du carbonate de magnésie dans l'eau dont on se sert pour faire l'infusion (B), cette infusion est d'un rouge clair de sang, et, en l'évaporant, elle forme un extrait d'un rouge foncé, qui se dissout facilement dans l'eau.

1°. La solution de cet extrait étant employée comme une encre rouge, et étant exposée à la lumière du soleil, elle devient jaune ;

2°. L'alun précipite de cette infusion une petite quantité d'une lacque mal colorée ;

3°. Les alcalis lui donnent une couleur plus rouge et plus fixe.

O. L'infusion faite dans une dissolution d'alun est d'un jaune orangé.

1°. Cette infusion étant précipitée par un alcali, donne une lacque semblable à (F), mais dont la couleur n'est pas si bonne.

P. Une solution d'acétate de plomb, ajoutée à l'infusion (B), forme un précipité d'un rouge brunâtre.

1°. Une solution de mercure dans l'acide nitrique, un précipité d'un brun pourpré ;

2°. Une solution de sulfate de fer, un précipité d'un beau brun vif ;

3°. La solution de sulfate de zinc n'a pas été éprouvée ;

4°. Une solution de sulfate de manganèse a fait un précipité brun pourpré ;

5°. Une dissolution d'étain dans l'acide nitro-muriatique n'a pas été éprouvée.

Q. L'infusion (B) ayant été mêlée toute chaude avec l'infusion de cochenille, il s'est formé un précipité rouge brunâtre, tirant sur le pourpre foncé, qui ne se dissolvait pas facilement dans l'eau ; en continuant la digestion, il s'est formé une plus grande quantité de ce précipité.

1°. Un échantillon trempé dans la préparation

des imprimeurs en toiles ayant été teint dans ce mélange, il prit une couleur rouge brunâtre, et, après avoir bouilli dans une solution de savon, sa couleur se trouva assez bonne;

2°. La solution de savon devint très-rouge, mais elle ne donna au papier qu'une couleur très-médiocre.

Un peintre qui cherche à rendre les connaissances physiques utiles à son art, Mérimé, a fait sur la garance des expériences intéressantes, dont l'objet était d'en obtenir une laque qui réunît la solidité à l'éclat. Les résultats de ces expériences qu'il nous a communiquées, pourront avoir des applications utiles en teinture.

Il a séparé la pellicule qui sert d'écorce à la racine de garance, de sa pulpe et de sa partie ligneuse, et il a obtenu de l'une et de l'autre une laque dont l'éclat approche de celui du carmin, mais qui est beaucoup plus durable, lorsqu'il les a soumises auparavant à des immersions et des lotions qui en séparaient une substance fauve colorante; seulement la partie ligneuse en donnait plus que l'écorce. Le procédé dont il se servait après les immersions préliminaires, consistait à tenir en digestion dans une légère dissolution de sulfate d'alumine; après cela, il précipitait, par un alcali, cette dissolution qui avait une teinte plus ou moins foncée.

Il paraît donc que l'on doit considérer la garance comme composée de deux substances colorantes; dont l'une est fauve, et l'autre est rouge : ces deux substances peuvent se combiner avec l'étoffe; cependant on a intérêt à ne fixer que la partie rouge : la partie fauve paraît plus soluble, mais sa fixité sur les étoffes peut être augmentée par l'affinité qu'elle a pour la partie rouge.

Les différentes additions que l'on fait à la garance, et les procédés multipliés auxquels on soumet quelquefois sa teinture, ont probablement cette séparation pour principal objet.

La partie rouge de la garance n'est soluble qu'en petite quantité dans l'eau, de sorte que l'on ne peut donner qu'une certaine condensation à sa dissolution; si l'on augmente trop la proportion de cette substance, loin d'en obtenir un effet plus grand, on ne fait qu'accroître la proportion de la partie fauve, qui est plus soluble.

La partie rouge paraît sur-tout sujette à former les pellicules qu'a observées Watt. De Saussure a fait voir que pendant la formation de ces pellicules dans les extraits de substances végétales, laquelle exige le contact de l'air, le gaz oxigène était changé en acide carbonique; qu'il se formait en même temps de l'eau par l'union plus intime de l'oxigène et de l'hydrogène contenus dans la substance, et que le résidu avait pris par là un excès de carbone ; d'où vient que dans les expériences de Watt, ces pellicules n'ont pu se dissoudre qu'en partie, et que leur dissolution a été brune : les parties rouges perdent aussi de leur solubilité, et se rembrunissent par l'ébullition sans l'influence de l'air atmosphérique : la cause de cette dernière altération n'est pas encore déterminée par l'expérience.

La potasse et le carbonate de potasse augmentent la solubilité des deux parties colorantes, sans accélérer l'effet d'oxigénation ; en sorte qu'il paraît avantageux d'en ajouter une petite quantité aux bains de garance.

La dissolution d'étain ne donne que des laques dont la couleur est privée d'éclat, probablement parce que les deux espèces de parties colorantes sont également précipitées. Ce mordant, dont les avantages sont si grands dans un grand nombre de teintures, peut à peine être utile dans celles de la garance : nous verrons cependant qu'il est propre à relever l'éclat du rouge d'Andrinople, mais c'est à une époque de l'opération où la partie fauve a été éliminée.

Les considérations que nous venons de présenter ne sont en partie que des conjectures propres à expliquer les propriétés que l'on observe dans les différens procédés auxquels on soumet la garance : nous supposons, par exemple, l'existence de deux espèces de parties colorantes ; mais il est possible que ces deux substances soient dérivées d'une seule qui se résolve en deux par les opérations successives qu'elle subit.

CHAPITRE II.

Des procédés par lesquels on teint avec la garance.

La laine ne prendrait avec la garance qu'une couleur faible et périssable, si l'on n'en fixait les parties colorantes par une base qui les combine plus intimement avec l'étoffe, et qui les soustrait en partie à l'action destructive de l'air. C'est pour remplir ce but que l'on commence par faire bouillir l'étoffe avec de l'alunet du tartre pendant deux ou trois heures; après cela, on la laisse égoutter, on l'exprime légérement, et on l'enferme dans un sac de toile que l'on porte dans un lieu frais où on le laisse quelques jours.

La dose de l'alun et du tartre, ainsi que leurs proportions respectives, varient beaucoup dans les différents ateliers : Héliot adopte pour un poids donné de laine, un peu moins du tiers d'alun et de tartre. Si on augmentait jusqu'à un certain point la proportion du tartre, au lieu du rouge, l'on n'obtiendrait qu'une couleur canelle foncée, mais solide; parce que, comme on l'a vu, les acides tendent à donner une couleur jaune à la partie colorante de la garance. Poerner diminue un peu la proportion du tartre; il n'en prescrit qu'un septième de l'alun. Scheffer, au contraire, prescrit une quantité de tartre double de celle de l'alun; mais on a éprouvé qu'en employant moitié de tartre, la couleur tirait sensiblement plus sur le canelle, que lorsqu'il avait été réduit au quart de l'alun.

Il faut éviter l'ébullition pour le bain de teinture dans lequel on ne met que de la garance, parce qu'à ce degré de chaleur, la substance colorante s'altère facilement, et prend une couleur plus foncée.

Lorsque l'eau est chaude à pouvoir y souffrir encore la main, Hellot prescrit d'y jeter une partie de la plus belle garance-grape pour deux parties de laine qu'on doit teindre, et de bien la pallier avant d'y mettre la laine, qu'il faut y tenir pendant une heure sans faire bouillir le bain; mais pour mieux assurer la teinture, on peut la faire bouillir sur la fin de l'opération, seulement pendant 4 ou 5 minutes. Beckmann conseille d'ajouter un peu d'alcali au bain de garance.

On obtient, par ce procédé, des rouges qui ne sont jamais beaux comme ceux de kermès, et beaucoup moins que ceux de la laque et de la cochenille ; mais comme ils coûtent peu, on s'en sert pour les étoffes communes, dont le bas prix ne pourrait pas supporter celui d'une teinture plus chère. On rose quelquefois les rouges de garance avec l'orseille et le brésil, pour les rendre plus beaux et plus veloutés ; mais l'éclat qu'on leur prête par ce moyen n'est pas durable.

Poerner, Scheffer, Bergman ont employé de différentes manières la dissolution d'étain ; mais les expériences multipliées que nous avons faites, n'ont point confirmé l'avantage de ces procédés.

La garance ne donne pas une couleur qui ait assez d'éclat pour être employée à teindre la soie, et nous croyons inutile de rappeler les procédés que Lafolie, Scheffer et Guhliche ont donnés sur cet objet.

On fait usage de la garance pour teindre en rouge le lin et le coton, et même pour leur donner plusieurs autres couleurs, au moyen de différents mélanges ; c'est la substance colorante la plus utile pour cette espèce de teinture. Il est donc convenable de faire connaître avec assez de détails les différents moyens par lesquels on peut assurer cette teinture, la rendre plus belle et en varier les effets. Le lin prend plus difficilement la couleur de la garance que le coton ; mais les procédés qui réussissent le mieux pour l'un, sont aussi préférables pour l'autre.

On distingue deux espèces de rouge de garance

sur le coton, l'un que l'on appelle simplement rouge de garance, et l'autre qui a beaucoup plus d'éclat, et que l'on appelle rouge de Turquie ou rouge d'Andrinople, parce que c'est du Levant qu'on l'a tiré penaant long-temps.

On peut encore regarder comme une teinture distincte, celle dont on se sert pour l'impression des toiles. Ces trois espèces de procédés, que nous allons décrire peuvent s'éclairer mutuellement et servir à déterminer les moyens les plus propres à remplir le but qu'on se propose dans chacun d'eux.

Vogler a éprouvé l'effet d'ungrand nombre de substances employées comme mordants ou dans le bain de teinture, et il a trouvé que celles qui produisaient le meilleur effet, étaient la colle-forte, le fiel de bœuf et d'autrés substances animales, telles que le crotin de mouton : le muriate de soude a rendu la couleur plus fixe, mais plus sombre ; l'engallage a aussi procuré une couleur plus nourrie : les autres astringents, tels que le sumac et l'écorce de grenade, ont produit un effet semblable ; un peu d'alcali, ajouté à l'alun, en a augmenté l'effet : une petite quantité de tartre a été utile ; mais une proportion trop forte de tartre, ainsi que des autres acides, fait passer la couleur au jaune ; différents sels métalliques ont produit quelques variations dans les nuances et dans la solidité, mais qui ne sont pas assez remarquables pour qu'on s'y arrête : nous avons rapporté, en parlant du noir, le procédé que Vogler indique pour teindre le coton en noir par le moyen de la garance. Il remarque avec raison qu'une dessiccation est utile entre chaque opération, mais après avoir rincé le coton au sortir du mordant : cette dessiccation doit être faite à l'ombre, sur-tout lorsqu'on emploie l'alun, parce qu'étant trop précipitée, le sel cristallise à la surface de l'étoffe : il remarque encore qu'une ébullition trop long-tems continuée dans le bain de garance, détruit la couleur dont l'étoffe s'était chargée.

Dans les expériences de Vogler, le coton a toujours mieux pris la couleur que le fil ; cependant la différence n'était pas bien grande lorsqu'il se servait d'une toile de chanvre ou de lin un peu usée et devenue douce au toucher, et lorsque son tissu était très-lâche et le fil peu tors.

Le Pileur d'Apligny donne une description très-détaillée du procédé qu'on suit à Rouen pour teindre le coton en rouge : on va l'indiquer.

Le coton doit être décreusé, puis engallé à raison d'une partie de noix de galle contre quatre de coton, et enfin aluné à raison d'un quart d'alun de Rome par quantité de coton et la même proportion d'eau ; on ajoute à la dissolution d'alun un vingtième de dissolution de soude faite avec 0,25 kilogrammes de soude ordinaire par litre.

Quelques-uns mettent moitié moins de soude, diminuent l'eau d'un sixième, et la remplacent par une dissolution de tartre et d'arsenic. Le Pileur d'Apligny regarde les derniers ingrédients comme contraires.

Lorsque le coton a été retiré du mordant, on le tord légérement à la cheville, et on le fait sécher. Plus il sèche avec lenteur, plus la couleur est belle. On ne teint ordinairement que 10 kilogrammes de coton à-la-fois, et il est même plus avantageux de n'en teindre que la moitié, parce que, lorsque l'on a une trop grande quantité de matteaux à travailler dans la chaudière, il est bien plus difficile de les teindre également.

La chaudière dans laquelle on teint cette dernière quantité de coton, doit contenir environ 240 litres d'eau qu'on fait chauffer. Lorsqu'on ne peut y tenir la main qu'avec peine, on y met 3 kilogrammes de bonne garance grape de Hollande, qu'on distribue avec soin dans ce bain. Lorsqu'elle y est bien mêlée, on y plonge le coton, matteaux par matteaux, qu'on a précédemment passés dans des bâtons, et qu'on laisse reposer sur les bords de la chaudière. Tout le coton étant plongé dans le bain, on travaille et on tourne successivement les matteaux passés dans chaque bâton, pendant troisquarts-d'heure, en maintenant toujours le bain au même degré de chaleur sans bouillir. Ce temps expiré, on relève et on retire le coton sur les bords de la chaudière ; on verse dans le bain environ un demi-litre de la lessive de soude dont on a parlé : on rabat le coton dans la chaudière et on le fait bouillir douze à quinze minutes ; enfin on le relève, on le laisse égoutter, on le tord, on le lave à la rivière, et on le tord une seconde fois à la cheville.

Deux jours après on donne à ce coton un second garançage, à raison de moitié de garance, en le travaillant de la même manière que pour le premier garançage, avec la différence qu'on n'ajoute point de lessive et qu'on se sert pour le bain, d'eau de puits. Ce garançage étant fini, on laisse refroidir le coton, on le lave, on le tord et on le fait sécher.

Le Pileur d'Apligny pense que cette méthode de teindre à deux bains n'est pas avantageuse, parce qu'elle consomme plus de temps et de bois, et que le second garançage ne peut fournir beaucoup de teinture, les sels du mordant ayant été épuisés par le premier. Il propose une autre méthode déjà suivie, dit-il, avec succès par plusieurs teinturiers ; elle consiste à donner au coton deux alunages, et à le teindre ensuite en un seul bain.

Pour aviver ce rouge, on met dans une chaudière ou dans un baquet une quantité d'eau tiède suffisante pour abreuver le coton ; on y verse environ un demi-litre de lessive ; on trempe dans ce bain le coton par parties ; on l'y laisse un instant ; on le relève, on le tord, et on le fait sécher. Selon le Pileur d'Apligny, cet avivage est une opération inutile : comme le coton rouge est destiné à fabriquer des toiles dont on est obligé d'enlever l'apprêt en partie, lorsqu'elles sont tissées, la couleur du coton s'avive en même tems, parce qu'on les passe dans l'eau chaude aiguisée par un peu de lessive. Lorsqu'on les retire de cette eau, on lave ces toiles à la rivière, et on les étend sur le pré, où le rouge s'avive beaucoup mieux qu'il ne ferait par toute autre opération.

Wilson prescrit, avec raison, de se servir du mordant qui est connu sous le nom de mordant des imprimeurs en toile, et dont il va être question, pour teindre en rouge le coton. Il faut, dans son procédé, l'engaller, le sécher, l'imprégner du mordant étendu d'eau chaude, le sécher encore, le garancer, le laver et le sécher.

Le mordant employé pour produire les rouges sur toiles imprimées, est l'acétate d'alumine, fait par les procédés qui ont été décrits, et plus ou moins concentré, selon l'intensité de la nuance que l'on veut obtenir.

Lorsque les toiles ont subi la dessiccation qui doit toujours suivre l'impression, on les passe dans une chaudière qui contient de la bouze de vache délayée dans de l'eau. Pour les mordants destinés à des nuances claires, il convient de n'y laisser les toiles que cinq à six minutes à une chaleur douce, et qui ne passe pas 45° de Réaumur. On peut augmenter la chaleur et la durée du bouzage pour les mordants qui doivent produire des couleurs foncées; mais dans tous les cas on doit le conduire avec une grande circonspection, parce qu'en le poussant trop loin, on enlève le mordant de dessus la toile, et qu'en le ménageant trop, le mordant non combiné à l'étoffe et qui y reste superposé, appauvrit ensuite le bain de teinture, et fixe sur les parties de la toile, qui doivent rester blanches, la matière colorante qu'on ne peut détruire complètement sans altérer beaucoup la couleur.

Pour garancer, on mêle avec soin la garance à l'eau de la chaudière, immédiatement après avoir allumé le feu dessous, et l'on y introduit les toiles attachées ensemble par les bouts. On les tient en mouvement pendant tout le temps que dure le garançage, afin qu'elles se teignent également, et pour cela, on les fait passer par-dessus un moulinet, qu'un enfant fait tourner. On élève graduellement le feu, de manière que le bain soit porté à l'ébullition en trois quarts-d'heure, ou, au plus, une heure. Arrivée à ce terme, l'opération doit être arrêtée au moment où l'on juge que les couleurs ont pris sur la toile la nuance convenable; mais si ce sont des couleurs foncées, on peut, sans inconvénient, prolonger le garançage jusqu'à ce que le bain se salisse et qu'il tourne au fauve. On doit encore, dans ce cas, donner aux toiles deux garançages, en partageant entr'eux la quantité de garance nécessaire pour donner à la couleur toute son intensité; car la matière colorante de la garance s'altère par l'ébullition; et en la prolongeant, ainsi qu'il le faudrait, si l'on employait toute la garance dans un seul bain, non-seulement on ne parviendrait pas à faire monter la couleur, à cause de l'altération qu'éprouve la matière colorante, mais à un certain terme on dégraderait même celle qui serait déjà fixée sur la toile, et l'on n'obtiendrait ainsi que des couleurs qui ne seraient ni assez montées, ni assez éclatantes.

En ajoutant un peu de potasse à la garance, au moment où on la met dans la chaudière, on facilite la dissolution de la matière colorante, et les couleurs montent plus vîte. L'addition d'une certaine quantité de craie paraît éclaircir un peu les couleurs, sur-tout lorsqu'elles sont légères: celle du son est beaucoup plus efficace, et ne doit pas être négligée, lorsqu'on veut avoir des nuances légères et éclatantes. Si le garançage a été bien ménagé, on peut ensuite rétablir le blanc, en passant une seule fois au son et avec une exposition sur le pré.

Immédiatement après le garançage, on lave les toiles, on les passe dans des chaudières où l'on fait bouillir de l'eau mêlée de son, on les expose sur le pré, et l'on répète alternativement ces deux opérations jusqu'à ce que les parties de la toile qui n'ont point reçu d'impression, aient repris leur blancheur.

Le garançage des toiles peintes exige des soins et des précautions qu'une longue pratique peut seule apprendre; les causes qui en font varier le succès sont trop nombreuses, pour que nous puissions les indiquer toutes ici. La quantité de garance employée, la durée du garançage, la manière de conduire le feu, sont, avec le bouzage, celles qui influent le plus, et on ne peut les assujettir à aucune règle, parce qu'elles doivent varier suivant un grand nombre de circonstances presqu'à chaque opération.

On voit que toutes ces opérations ont pour but 1o. d'enlever le mordant non combiné avec la toile, 2o. de fixer la matière colorante, 3o. d'enlever, par l'action de l'air et du son, la matière colorante fauve qui est mêlée à la garance, ainsi que la couleur qui couvre les parties de la toile non imprégnées de mordant.

Les toiles que l'on destine à l'impression doivent avoir été blanchies très-soigneusement. Plus le blanc est parfait, plus les couleurs prennent d'éclat, et plus il est facile de dégarancer. Les beaux blancs du commerce ne sont pas même suffisans, et il est bon de leur donner au moins une lessive, une exposition sur le pré, ou une immersion dans l'acide muriatique oxigéné, et de les laisser tremper quelques heures dans l'eau acidulée par l'acide sulfurique. Très-souvent il faut donner plusieurs lessives et plusieurs immersions; par-là on enlève complètement l'apprêt, on détruit le reste de la matière colorante de la toile, qui, fixant d'une manière très-solide celle de la garance, rend le dégarançage difficile, et on prévient le plus grand nombre des taches qui se forment pendant le garançage, auxquelles on donne le nom de *taches de garance*.

Ces taches, presqu'indestructibles, très-communes sur certaines sortes de toile de coton, et d'une couleur parfaitement semblable à celle que donne la garance aux parties de la toile qu'on imprègne d'huile, paraissent provenir d'une combinaison de graisse ou d'huile analogue à celle qui a lieu dans les apprêts pour le rouge d'Andrinople. Il est très-vraisemblable qu'elles sont produites par la graisse employée dans le parou, ou par le savon dont on est obligé de se servir dans le blanchiment : la combinaison qui peut alors se former sur l'étoffe, résiste bien aux opérations subséquentes, et l'on verra dans le procédé pour le rouge d'Andrinople, que l'action des dissolutions alcalines, même assez concentrées, est insuffisante pour détruire la combinaison de l'huile avec le coton.

Une lessive forte et coulée très-chaude ne garantit pas complètement de ces taches, quoique ce soit le moyen le plus sûr de les éviter. Il serait bien important pour les fabricants de toiles peintes, qu'on pût exclure du tissage et du blanchîment la graisse et le savon.

Le rouge d'Andrinople a un éclat dont il est difficile d'approcher par tous les procédés qui ont été indiqués jusqu'ici ; il a encore la propriété de résister beaucoup plus à l'action de différents réactifs, tels que les alcalis, le savon, l'alun, les acides. Vogler avoue que, par ses nombreux procédés, il n'a pu obtenir un rouge qui eût une solidité égale à celui d'Andrinople, quoiqu'il en eût beaucoup plus que des faux rouges d'Andrinople, dont on se sert souvent pour les siamoises et autres étoffes rouges.

L'eau-forte (acide nitrique délayé) est, selon le même auteur, le moyen le plus sûr et le plus expéditif pour distinguer le vrai rouge d'Andrinople du faux : il suffit d'y plonger un fil de ce dernier; on le voit bientôt pâlir, et en moins d'un quart-d'heure il est blanc, tandis que le vrai rouge d'Andrinople reste une heure sans être altéré, et qu'il n'y perd jamais en entier la couleur qui devient orangée.

Le rouge d'Andrinople, qui, pendant long-temps ne nous vint que par le commerce du Levant, excita l'industrie de nos artistes; mais les tentatives furent long-temps infructueuses, ou leurs succès concentrés dans un petit nombre d'ateliers. L'abbé Mazéas publia des expériences qui jettent beaucoup de jour sur cette teinture; et le gouvernement fit publier en 1765, sur des renseignements qu'il s'était procurés, une instruction, sous le titre de *Mémoire contenant le procédé de la teinture du coton rouge incarnat d'Andrinople sur le coton filé*. L'on trouve la même description dans le Traité du Pileur d'Apligny, mais l'on n'a pas réussi complètement avec ce procédé : il paraît que le vice consistait principalement dans la concentration trop grande des dissolutions alcalines. On fait mystère dans les différents ateliers des changements qu'on y a faits, et par le moyen desquels on réussit plus ou moins parfaitement. On va donner la description que Clere, qui dirigeait avec succès une manufacture de ce genre au Vaudreuil, avait communiquée à l'auteur des éléments, et qui paraît différer très-peu de la pratique la plus ordinaire.

Procédé du rouge d'Andrinople ou de Turquie.

Il faut, si l'on a 50 kilogrammes de coton à teindre, commencer par le bien décreuser. Cette opération se fait en mettant bouillir le coton dans une chaudière avec de la lessive de soude à un degré au pèse-liqueur, et l'on y ajoute ce qui reste ordinairement du bain qui a servi à passer les cotons *en l'apprêt blanc*, et que l'on nomme *sickiou*.

Pour décreuser le coton comme il faut, et pour qu'il ne se mêle point, on passe dans une corde trois matteaux (le matteau est composé de quatre pentes qui pèsent en tout 0,5 kilogr.); on le jette dans la chaudière lorsqu'elle commence à bouillir; on a soin de l'enfoncer, afin qu'il ne brûle pas contre les bords de la chaudière, qui doit tenir pour 50 kilogrammes de coton environ 600 litres : le coton est parfaitement décreusé lorsqu'il s'enfonce de lui-même dans la chaudière; on le retire ensuite, et on le lave pente par pente à la rivière; on le tord, et ensuite on l'étend pour le faire sécher.

Deuxième opération, bain de fiente.

Il faut mettre dans un cuvier 50 kilogrammes

de soude d'Alicante réduite en poudre grossière; ce cuvier doit être percé d'un trou à sa partie inférieure, afin que l'eau puisse en couler dans un autre cuvier qu'on place au-dessous : cette soude étant dans le cuvier supérieur, on y verse dessus environ 300 litres d'eau de lessive; lorsque l'eau qui est coulée dans le cuvier inférieur donne deux degrés au pèse-liqueur des savonniers, elle est bonne pour le bain de fiente, qui se fait de cette manière.

L'on prend 12 à 15 kilogrammes de crotin de mouton, que l'on met tremper dans une grande terrine de terre dans de la lessive à deux degrés, et on l'écrase avec un pilon de bois; ensuite on la passe dans un tamis de crin que l'on pose sur le baquet dans lequel on doit préparer le bain; l'on verse dans ce baquet 6,25 kilogr. d'huile d'olive de Provence, et l'on remue toujours avec un rable pour bien mêler l'huile avec la lessive de soude et la fiente; l'on verse dessus de l'eau de soude : il faut ordinairement neuf seaux d'eau pour abreuver 50 kilogrammes de coton (le seau contenant seize litres). Le bain ainsi préparé, il est bon pour passer le coton.

A cet effet, on prend du bain avec une jatte de bois, que l'on verse dans une terrine maçonnée à hauteur convenable pour que l'on puisse travailler aisément. L'on prend un matteau de coton que l'on foule bien avec les poignets; on le lève à plusieurs reprises en le tournant dans la terrine, ensuite on le croche à un crochet de bois qui est attaché au mur; on le tord légérement, et on le jette sur une table; l'on continue la même opération à chaque matteau. La table sur laquelle on jette le coton, doit être élevée de 2 à 3 décimètres de terre. Un ouvrier prend un matteau de chaque main, et le bat sur cette table pour étendre les fils; il le change trois fois de côté, ensuite il fait un petit tord pour former une tête au matteau, et il le couche sur la table : il ne faut pas mettre plus de trois matteaux l'un sur l'autre, parce que la charge trop forte ferait couler le bain des matteaux de dessous. Le coton doit rester sur la table dix ou douze heures, après lesquels on le porte à l'étendage pour le faire sécher.

Troisième opération, bain d'huile ou bain blanc.

L'on prend de l'eau de soude également à deux degrés au pèse-liqueur, et après avoir bien nettoyé le baquet dans lequel était le bain de fiente, l'on y met 5,25 kilogr. d'huile d'olive, et l'on y verse dessus l'eau de soude, en brassant toujours avec un rable pour bien mêler l'huile. Ce bain doit ressembler à du lait épais, et pour qu'il soit bon, il ne faut pas que l'huile se sépare à sa surface; l'on prend ensuite de ce bain que l'on met dans la terrine, et l'on y passe le coton matteau par matteau comme dans l'opération précédente; on le jette sur la table, on le *crêpe* (crêper, c'est le battre sur la table), et ensuite on le laisse sur la table jusqu'au lendemain qu'on le porte à l'étendage. (*Nota*. Il faut pour ce bain environ huit seaux de lessive).

Quatrième opération, premier sel.

Sur le marc de la soude qui est dans le cuvier, on y remet de nouvelle soude, si l'eau que l'on a versée par-dessus n'a pas trois degrés. Il faut donc, pour cette opération, prendre huit seaux d'eau de soude, que l'on verse dans le baquet par-dessus ce qui a pu rester de bain blanc, et l'on y passe le coton comme ci-dessus. Cette opération se nomme *donner le premier sel*. L'eau a trois degrés.

Cinquième opération, deuxième sel.

Le coton se passe dans une eau de soude à quatre degrés, avec les mêmes attentions pour le travail que ci-dessus.

Sixième opération, troisième sel.

Le coton se passe dans une eau de soude à cinq degrés.

Septième opération, quatrième sel.

Le coton se passe dans une eau de soude à six degrés, et après avoir été passé, avec les mêmes soins, on le porte à l'étendage pour sécher sur des perches bien unies; le coton étant sec, on le porte à la rivière pour le laver de la manière suivante.

Huitième opération.

Il faut tremper le coton dans l'eau, ensuite le retirer et le laisser égoutter sur un bayard; l'on jette de l'eau dessus à diverses reprises, pour bien le pénétrer, et au bout d'une heure on le lave pente par pente, afin de le bien débarrasser de l'huile, ce qui est très-essentiel afin qu'il prenne bien la galle; on le tord ensuite à la cheville avec un chevillon, ensuite on l'étend sur des perches pour le faire sécher : le coton, au sortir du lavage, doit être d'un beau blanc.

Neuvième opération, engallage.

Pour l'engallage, il faut choisir de bonnes noix de galle en sorte (nom connu dans le commerce; la galle en sorte est moitié galle noire et moitié galle blanche), et après l'avoir concassée, en mettre pour 50 kilogr. de coton 6,25 kilogr. dans une chaudière, et la faire bouillir avec six seaux d'eau pure de rivière. Il faut ordinairement trois heures pour la bien cuire; on s'aperçoit qu'elle est au degré de cuisson convenable lorsqu'elle s'écrase sous les doigts comme de la bouillie; alors on verse dessus trois seaux d'eau fraîche et on la passe dans un tamis de crin bien serré, en pétrissant le marc dans les mains pour en extraire toute la partie résineuse. L'eau étant posée et claire, l'on procède à l'engallage de la manière suivante.

On verse dans une terrine scellée dans le mur à hauteur convenable pour le travail, neuf à dix litres d'eau de galle, et l'on y passe le coton matteau par matteau en le foulant bien avec les poignets, ensuite on le tord à la cheville, et on le porte à fur et mesure que l'on le passe, à l'étendage; précaution essentielle qui empêche le coton de noircir. Le coton étant bien sec, on procède à l'alunage de la manière suivante.

Dixième opération, alunage.

Après avoir bien fait nettoyer la chaudière dans laquelle on a fait la décoction de noix de galle, l'on y met huit seaux d'eau de rivière et 19 kilogrammes d'alun de Rome, que l'on y fait fondre sans bouillir; lorsque l'alun est fondu, l'on y verse un demi-seau de soude à quatre degrés du pèse-liqueur, et ensuite on passe le coton matteau par matteau comme pour l'engallage ; on l'étend ensuite pour sécher, et enfin on le *lave d'alun* comme on va voir.

Onzième opération, lavage de l'alun.

Après avoir laissé tremper le coton et égoutter une heure sur le bayard, on lave trois fois chaque matteau séparément, ensuite on le tord à la cheville et on le porte à l'étendage.

Douzième opération, remonter sur galle.

Cette opération consiste à répéter les précédentes. On prépare un bain blanc comme celui décrit à l'article III. L'on met dans un baquet 6,25 kilogr. de bonne huile grasse de Provence, et l'on verse dessus huit seaux d'eau de soude à deux degrés au pèse-liqueur des savonniers. L'on a soin de bien remuer le bain, et l'on y passe le coton comme il est décrit à l'article III.

Treizième opération, premier sel.

On passe le coton, après l'avoir bien fait sécher, dans une eau de soude à trois degrés.

Quatorzième opération, deuxième sel.

On passe le coton, après l'avoir fait sécher, dans une eau de soude à quatre degrés.

Quinzième opération, troisième sel.

On passe le coton, après qu'il est sec, dans une eau de soude à cinq degrés, et alors tous les passages sont finis : après l'avoir fait sécher, on le lave, on l'engalle et on l'alune avec les mêmes doses et les mêmes attentions décrites aux articles IX, X et XI; et ensuite le coton a toutes les préparations nécessaires pour bien prendre la teinture. Le coton, au sortir de ces préparations, doit être de couleur d'écorce d'arbre. Un point très-essentiel à observer est de ne donner aucun passage au coton qu'il ne soit parfaitement sec, sans quoi on risquerait à rendre la teinture bigarrée. Quand le coton est étendu sur les perches, il faut avoir soin de le bien secouer et retourner pour qu'il sèche uniformément.

Seizième opération, teinture.

On se sert ordinairement d'une chaudière en carré long; elle doit tenir environ 400 litres d'eau, et dans cette proportion l'on y peut teindre 12,5 kilogrammes de coton à-la-fois Pour commencer l'opération de la teinture, l'on emplit d'eau la chaudière jusqu'à quatre ou cinq pouces du bord ; ensuite on y verse un seau de sang de bœuf ou de mouton, qui est meilleur lorsque l'on peut s'en procurer, ce qui fait environ vingt-cinq litres de sang ; ensuite on y met le lizary. Quand on veut une belle couleur vive et tranchante et qui ait beaucoup de fond, on mêle ordinairement plusieurs lizarys ensemble, comme 0,75 kilogr. de lizary de Provence et 0,25 kilogrammes de lizary de Chypre, ou si l'on n'en a pas de Chypre, une partie égale de lizary de Provence, de Tripoli ou de Smyrne : la dose est toujours de deux parties pour une de coton. Lorsque le lizary est dans la chaudière, on le pallie avec un rable pour le dépelotter, et lorsque le bain est tiède, l'on y plonge le coton que l'on a étendu sur des bâtons que l'on nomme lisoirs : on met ordinairement deux matteaux sur chaque bâton ; l'on a soin de bien l'enfoncer, et on retourne le coton bout pour bout sur les lisoirs à l'aide d'un bâton au bout duquel il y a une pointe que l'on passe entre les matteaux et le lisoir sur lequel le coton est posé. Cette opération dure une heure ; et lorsque la chaudière commence à bouillir, l'on retire le coton de dessus les lisoirs, et on l'enfonce dans la chaudière en suspendant chaque matteau à des bâtons qui sont supportés sur la chaudière à l'aide d'une corde qui est passée dans chaque matteau. Le coton doit bouillir environ une heure pour tirer toute la partie colorante de la garance. Il y a encore un moyen de reconnaître quand la couleur est extraite ; il se forme alors sur la chaudière une écume blanche. On le jette bas de la chaudière, et on le lave pente à pente à la rivière ; on le tord à la cheville et on le fait sécher.

Dix-septième opération, avivage.

Dans la chaudière qui sert au décreusage, qui doit tenir six cents litres d'eau, l'on verse de l'eau de soude à deux degrés de pesanteur, et on l'emplit à dix à douze pouces du bord ; ensuite on y verse 2 à 2,5 kilogrammes d'huile d'olive, et 3 kilogrammes de savon blanc de Marseille coupé très-menu ; l'on remue toujours jusqu'à ce que le savon soit fondu, et lorsque la chaudière commence à bouillir, l'on y jette le coton, que l'on a soin de passer dans une corde pour l'empêcher de se mêler ; on couvre ensuite la chaudière, on l'étoupe avec de vieux linges, on la charge et on la fait bouillir à petit feu pendant quatre à cinq heures ; l'on découvre ensuite la chaudière, et le coton doit être fait et d'un beau rouge. Il ne faut retirer le coton de la chaudière qu'au bout de dix à douze heures; parce qu'il se nourrit dans l'avivage et prend beaucoup plus d'éclat.

Il faut ensuite le bien laver pente à pente, le faire sécher, et le coton est fini.

Je suis dans l'usage de donner à mes cotons un passage après qu'ils sont bien secs; il consiste à faire une dissolution d'étain dans l'eau-forte avec un seizième de sel ammoniac : j'étends cette dissolution dans huit seaux d'eau, et j'y fais passer mon coton; il faut le laver ensuite : ce passage donne un très-beau feu au coton.

Nota. Il ne faut mettre dans le *baquet au sekiou* que les restes des premiers apprêts; ceux qui restent après que le coton a été engallé ne valent rien, et il faut les jeter.

Chaptal, dont les recherches et le zèle éclairé pour l'avancement des arts, ont tant contribué à leurs progrès, a bien voulu nous communiquer les notes qu'il avait recueillies dans ses ateliers de teinture, auprès de Montpellier. Nous en avons extrait les procédés suivants, pour la teinture en rouge d'Andrinople, qu'il a long-temps fait exécuter lui-même avec beaucoup de succès.

Les premiers soins à apporter dans cette teinture, consistent dans le bon choix des matières. L'huile la plus propre à cette opération, est celle qui vient de la rivière de Gênes, sous le nom d'*huile de teinture* : on en tire aussi du midi de la France. Pour les éprouver, on en verse quelques gouttes dans un verre, de manière à ce que le fond en soit couvert, et on emplit le reste d'une lessive de soude, marquant de un à deux degrés à l'aréomètre de Baumé. Le mélange devient laiteux; on transvase plusieurs fois cette liqueur savonneuse, d'un verre dans un autre, afin de bien la mêler; on la laisse ensuite reposer quelques heures. Pour que l'huile soit bonne, il faut que la liqueur reste toujours laiteuse; si l'huile se sépare en gouttelettes, ou si le bas de la liqueur prend l'apparence de petit-lait mal clarifié, tandis qu'il se forme dans le haut un bourrelet pâteux, l'huile est de mauvaise qualité.

On doit préférer les soudes d'Espagne, d'Alicante ou de Cartagène; à défaut de celles-là, on peut se servir de celle de Narbonne : la bonne soude doit être très-dure, grise à l'extérieur, noirâtre dans sa cassure, difficilement pulvérisable et peu soluble. Celles qui ont effleuri à l'air, et celles dans lesquelles le muriate de soude abonde ne peuvent être employées pour de belles couleurs.

Dans les opérations que l'on va décrire, on donne les proportions pour une partie de coton du poids de 100 kilogrammes.

On décreuse le coton, en le fesant bouillir dans une lessive de soude, qui marque à l'aréomètre de Baumé de 1 à 3 degrés. On emploie à cet usage les résidus des soudes dont on s'est servi pour les liqueurs savonneuses. On reconnaît que le coton est complètement décreusé, lorsqu'il plonge bien, et qu'aucun matteau ne vient surnager, alors on le lave et on le sèche.

Pour donner au coton les premiers apprêts, on prépare, dans une grande jarre, avec environ 150 kilogrammes d'eau, une lessive de soude à un degré. On essaie si elle coupe bien l'huile, c'est-à-dire, si en versant quelques gouttes d'huile dessus, elle se mêle bien en devenant laiteuse, et sans qu'il en reste de gouttelettes à la surface. On mêle, dans une jarre de même grandeur, avec un tiers de cette lessive, 10 kilogrammes d'huile; et l'on agite soigneusement; avec le second tiers, on mêle de 12 à 13 kilogrammes de la liqueur qui se trouve dans l'estomac des animaux ruminans; on verse ce mélange dans la jarre où l'on a fait celui de l'huile, et, après y avoir ajouté le dernier tiers de la lessive, on remue de nouveau avec grand soin. Pour passer les cotons dans cette liqueur savonneuse, on en prend dans de plus petites jarres, et après en avoir bien imprégné le coton, on l'exprime fortement; à mesure qu'on puise dans la jarre, on agite pour qu'il ne se forme point de séparation dans la liqueur.

Le coton passé à l'huile, reste entassé jusqu'au lendemain, et on le porte à l'étendage. Lorsqu'il est sec, on le passe dans une légère lessive de soude qu'on a mêlée au petit reste de liqueur savonneuse, et on le laisse de même en tas, jusqu'à ce qu'on le porte le lendemain à l'étendage. On le passe, lorsqu'il est à sec, à une seconde lessive un peu plus forte que la précédente.

La seconde liqueur savonneuse est préparée avec les mêmes précautions que la première ; on y emploie la même quantité de lessive, marquant de 1° à 2°, et environ 8 kilogrammes d'huile, mais on n'y mêle point de liqueur animale. Lorsque le coton est passé à cette seconde huile, on ajoute 20 kilogrammes de soude au résidu des 15 kilogr. précédemment employés. On passe trois ou quatre fois le coton aux lessives de cette soude, en prenant la précaution d'augmenter chaque fois d'un demi-degré la force de la lessive, de façon que la dernière marque à-peu-près de 3 à 4 degrés de Baumé.

On peut substituer, dans ces opérations, la potasse à la soude : le coton prend à la vérité une couleur vineuse, mais il perd cette teinte dans les avivages.

Pour que le coton soit bien disposé à l'engallage et à l'alunage, il faut qu'il soit lavé et séché. On prépare le bain d'engallage, en fesant bouillir 10 kilogr. de noix galle en sorte pulvérisée, avec environ 100 kilogrammes d'eau, dans laquelle on a fait bouillir 15 kilogrammes de sumac. Après une demi-heure d'ébullition, on verse dans la chaudière 50 kilog. d'eau froide, afin que le bain soit assez abondant pour que toute la partie puisse y être passée. On passe le coton aussitôt que la chaleur du bain le permet, et de la même manière que dans la liqueur savonneuse : puis on le porte à l'étendage.

L'engallage est une des opérations les plus délicates. Il importe d'imprégner, d'exprimer et de sécher le coton très-également, ainsi que de ne pas sécher trop lentement, ou dans un air très-humide, parce que les parties du coton qui reçoivent le plus l'action de l'air, noircissent, tandis que les autres restent d'un gris blanc; ce qui produit des inégalités.

Aussitôt que l'engallage est sec, on alune le coton. Pour cela, on fait dissoudre 15 kilogram. d'alun rougeâtre du levant, ou 12 et demi kilogrammes d'alun de Rome, dans 100 kilogrammes d'eau : lorsque la dissolution est complète, on verse dans la chaudière environ 50 kilogrammes d'eau froide, et dès que la dissolution est d'une chaleur douce, très-inférieure à celle de la galle, on passe les cotons et on les sèche.

Le coton aluné doit être fortement lavé avant de passer à d'autres opérations. Lorsqu'il est bien lavé et sec, on le passe à une huile et à trois lessives. On prépare la liqueur savonneuse avec 7 à 8 kilogrammes d'huile, et la lessive du résidu des soudes qui ont servi aux premiers apprêts, qui ne marque, comme dans les premières, que de 1 à 2 degrés. On ajoute ensuite 15 kilogrammes de soude à la jarre, et l'on donne la première lessive à trois degrés, en élevant chacune des suivantes d'un demi-degré, de manière que la plus forte marque de 4 à 5°. Après la troisième lessive, on le lave, on l'engalle avec un bain de 7 ½ kilogrammes de galle, sans sumac : on l'alune avec 10 kilogrammes d'alun de Rome : on le lave très-fortement et on le sèche. Toutes ces opérations doivent être conduites avec les mêmes soins que les premières.

Pour avoir une couleur bien unie, il faut employer au moins 2 kilogrammes de garance par kilogramme de coton : on mêle à cette garance un demi-kilogramme de sang de mouton par kilogramme de coton, et on la met dans le bain dès qu'il est tiède ; on y tourne le coton pendant une heure ; lorsqu'il a bouilli le même temps, on le retire et on le lave. Il est alors d'un rouge foncé, couleur de sang de bœuf. Lorsqu'on n'a pas mêlé de sang, la couleur n'est ni si vive, ni si nourrie, quoique solide, et en lui substituant la colle-forte et d'autres produits animaux, on n'a point une couleur aussi agréable.

La couleur du coton après le garançage, est si sombre et si obscure, qu'on ne pourrait l'employer en cet état ; on l'éclaircit et on lui donne de l'éclat, par l'avivage et la dissolution d'étain, que les ouvriers nomment *le secret*.

L'avivage consiste à faire bouillir, pendant six à sept heures, le coton dans la lessive de 30 kilogrammes de soude, marquant 2 degrés, à laquelle on ajoute 8 à 9 kilogrammes de savon. On ne met le coton dans la chaudière, que lorsque le liquide est bouillant : on couvre avec soin la chaudière, en ne laissant qu'une petite issue pour la vapeur, et on assujettit fortement le couvercle, afin qu'il ne soit pas soulevé par la vapeur comprimee. La durée de l'ébullition varie selon l'intensité de la couleur du coton, et la force de la lessive que l'on emploie. Lorsque l'on croit le coton suffisamment avivé, on arrête le feu, on découvre l'avivage, et à l'aide d'un crochet de fer, on tire un matteau : si, après l'avoir bien lavé, la couleur paraît brillante, qu'il n'y ait plus de teinte noire, ou que quelques portions du coton commencent à se décharner, on remplit l'avivage d'eau fraîche, et l'on ouvre le robinet pour la faire écouler. On lave ainsi le coton, et on le laisse dans la chaudière jusqu'au lendemain ; ensuite on le lave et on le fait sécher.

Dans cet état, le coton est d'une belle couleur; mais on lui donne plus d'éclat par le secret.

On prépare la dissolution d'étain avec de l'acide nitrique pur, marquant 32° : on y fait dissoudre à froid 30 grammes de muriate d'ammoniaque, par 0,5 kilogrammes d'acide : lorsque la dissolution est faite, on y met de l'étain en baguette, dans la proportion de 30 grammes par 0,5 kilogrammes, il se dissout facilement et la liqueur devient opale; on ajoute même de l'étain jusqu'à ce qu'on aperçoive cette nuance, qui annonce que l'acide ne peut plus en dissoudre. On verse 7 ½ kilogrammes de cette dissolution, sur une dissolution un peu tiéde de 3 kilogram. d'alun de Rome, déposée dans une jarre; à mesure qu'on verse la dissolution d'étain sur celle d'alun, le mélange se trouble, devient blanc, et c'est alors que l'on passe le coton en le foulant comme à l'ordinaire; on le lave à mesure qu'il est passé.

Il faut que le mélange des deux dissolutions fasse effervescence avec la terre calcaire, pour qu'elle brillante convenablement la couleur : on emploie plus ou moins de dissolution d'étain, selon que la couleur est plus ou moins foncée.

On peut encore ajouter à l'éclat du coton, en le réavivant par une ébullition de quatre à six heures dans une dissolution de 8 à 10 kilogrammes de savon.

Le fil de lin peut prendre une couleur presque aussi brillante que celle du coton; mais il faut le passer à un nombre double d'huiles et de lessives; ces dernières doivent même être très-fortes, sans quoi l'huile ressort à la surface : on doit apporter la plus grande attention au décreusage; car il se mêle et s'embrouille par la chaleur, à tel point, qu'on ne peut ni le passer ni le dévider.

On obtient encore un très-beau rouge, en se bornant à engaller et aluner une seule fois après les trois huiles, et en ayant l'attention de forcer un peu les doses de noix de galle et d'alun.

On parvient, par le moyen suivant, à des couleurs rouges, belles et solides, sans employer ni lessive, ni huile, ni noix de galle.

On fait dissoudre à froid, dans l'acide acétique, de la chaux fusée à l'air : la dissolution pèse 5 à 6° ; on la ramène à 2°, par addition d'eau, on mêle parties égales de cette dissolution et d'acétate d'alumine, préparé en versant 5 kilogram. d'acétate de plomb, dans une dissolution de 20 kilogrammes d'alun, par 175 kilogrammes d'eau. On fait tiédir le mélange, et on y passe les cotons simplement décreusés avec soin ; on les sèche, on les lave fortement, on les sèche et l'on garance avec 0,75 kilogr. de garance par kilogr. de coton. On avive avec lessive et savon, puis on passe à la dissolution d'étain, et on réavive au savon seul dans la proportion de 12 kilogrammes pour 100 kilogrammes de coton.

On a des rouges très-solides, en passant le coton dans ce mordant, après l'avoir passé aux huiles et sans l'engaller : ils sont même trop foncés ; mais en passant le coton, qui a reçu une seule huile et quatre lessives, dans un mélange d'acétate d'alumine, et d'un quart, $\frac{1}{12}$, ou $\frac{1}{18}$ d'acétate de chaux, on obtient des nuances variées et très-vives.

Pour faire un rouge terne sans éclat, qu'on nomme dans quelques endroits rouge brûlé, ou rouge des Indes, à cause de sa ressemblance avec celui des mouchoirs des Indes, on décreuse le coton, on le fait bouillir pendant une demi-heure dans de l'eau de chaux, on le passe à une huile mêlée de liqueur des intestins, et à trois lessives; on le lave bien et on le passe dans un mordant composé d'une dissolution tiède de 12 $\frac{1}{2}$ kilogr. d'alun, à laquelle on a ajouté 4 kilogr. d'acétate de plomb, et un moment après $\frac{1}{2}$ kilogramme de soude en poudre, et 0,244 kilogrammes de muriate d'ammoniaque; on lave avec soin, on garance avec poids égal de garance. Si la couleur est maigre, on repasse à une huile, à deux lessives, au même mordant, et on garance encore. On peut aviver avec lessive de soude et savon : la chaux seule produit la différence de cette couleur aux précédentes; elle rend les couleurs plus solides, mais plus ternes.

Le rose solide se fait en prenant du coton passé aux huiles, et qui a reçu des lessives plus nombreuses, mais faibles; on l'engalle avec une lessive de sumac, dans laquelle on a fait bouillir 2 $\frac{1}{2}$ kilogrammes de noix de galle; on alune avec 17 $\frac{1}{2}$ kilogramm. d'alun; on lave, on garance avec la meilleure qualité de garance, on blanchit le bain de garance avec deux kilogrammes d'oxide d'étain, qui se précipite de la dissolution de ce métal dans l'acide nitrique ; on avive avec lessive faible et savon, on sèche, on passe à une liqueur formée par une dissolution d'étain dans l'acide nitrique à 32° étendu de volume égal d'eau, et qu'on a amenée à 4° ; on lave et on réavive dans une dissolution de 15 kilogram. de savon jusqu'à ce que la couleur soit bien rosée.

En passant le coton dans du savon de laine fait avec la soude, en y mettant les mêmes soins que dans la liqueur savonneuse préparée pour le rouge, et en employant des lessives très-faibles dans l'intervalle, lavant ensuite le coton et le traitant par le même procédé que pour teindre la laine en écarlate, il prend une teinte écarlate plus pâle que celle de la laine, mais assez brillante.

On fait encore passer le coton teint en rouge par toutes les nuances jusqu'à l'orangé le plus pâle. Pour cela, on affaiblit l'acide nitrique pur avec $\frac{1}{2}$ d'eau ; on y fait oxider des copeaux d'étain jusqu'à ce que la liqueur devienne opale, et on emploie cette dissolution de manière qu'elle marque depuis 2° jusqu'à 20° : la couleur varie selon la concentration de cette dissolution ; lorsqu'elle est de 16 à 20, on obtient des nuances qui ont quelque rapport avec celles de l'écarlate.

En général, lorsqu'on veut avoir des couleurs brillantes, il faut ne pas les charger d'huile, donner des lessives faibles long-temps répétées, peu charger en galle, beaucoup en alun, employer les meilleures garances, et enfin aviver avec force, sans épargner le savon.

Chaptal a exposé (1) les principes sur lesquels sont fondées les opérations si multipliées de la teinture en rouge d'Andrinople, qui est par elle-même d'une grande importance, et dont les procédés peuvent trouver partiellement plusieurs applications utiles.

Il fait voir que ces opérations ont une triple combinaison pour objet : la première, celle de l'huile avec l'étoffe ; la seconde, celle du tannin avec la première ; la troisième, celle de l'alumine avec les deux précédentes ; enfin on ajoute à cette triple combinaison, celle de la substance colorante de la garance : on en sépare la partie fauve par l'avivage ; on augmente l'éclat de la partie rouge par une application bien ménagée de la dissolution d'étain.

Il faut disposer l'huile à se combiner avec l'étoffe : pour cela on lui communique de la solubilité dans l'eau, par le moyen de la soude ; mais il faut que l'huile soit peu retenue par l'alcali : on ne doit donc employer qu'une faible disso-

(1) Mém. de l'Instit. vol. II.

lution de soude et l'huile doit rester dominante, pour que l'alcali ne puisse l'enlever et la séparer de l'étoffe.

L'huile, pour être propre à se combiner avec l'étoffe, ne doit pas être *une huile fine*; mais elle doit être disposée à former une combinaison solide; ce que l'on indique sans doute, lorsqu'on dit *qu'elle doit contenir une forte portion de principe extractif*.

La noix de galle a de l'avantage sur les autres astringents; parce que l'acide gallique tendant à se combiner avec l'alcali qui a été retenu par l'étoffe, favorise la combinaison plus intime de l'huile avec l'étoffe et le tannin.

Chaptal observe à cette occasion que l'on peut reconnaître la combinaison de l'huile avec le tannin, en mêlant une décoction de noix de galle, avec une dissolution de savon. Il est important de faire cette combinaison dans de justes proportions, car si l'astringent domine, elle devient noire, s'il est en trop petite quantité, la couleur devient trop faible.

Lorsque l'on mêle du sulfate ou de l'acétate d'alumine avec une décoction de noix de galle, il se forme un précipité grisâtre; de même le coton engallé devient gris à l'instant où on le plonge dans une dissolution alumineuse: il faut éviter de se servir d'une dissolution trop chaude, parce qu'une portion de l'astringent se dissoudrait, ce qui appauvrirait la couleur.

Haussman (1) s'est servi avec succès de la dissolution d'alumine par l'alcali : pour obtenir cette dissolution il précipite l'alumine du sulfate d'alumine par la potasse rendue caustique, dont il ajoute une quantité suffisante pour que tout le précipité qui s'est formé d'abord, soit redissous: il ajoute à cette dissolution un trente-troisième d'huile de lin, qui forme une liqueur qui a l'apparence du lait; comme l'huile se séparerait avec le temps, il faut agiter la liqueur avant de s'en servir; les écheveaux de coton, ainsi que ceux de lin, doivent y être successivement trempés, exprimés également, et séchés à l'ombre pendant vingt-quatre heures; après cela, on lave et on renouvelle l'opération : deux imprégnations suffisent pour obtenir un beau rouge, mais au moyen d'une troisième et d'une quatrième, on a des couleurs très-brillantes.

L'intensité du rouge, dépend de la quantité de garance que l'on emploie dans la teinture; avec partie égale au poids des écheveaux, la couleur devient rosée par l'avivage; avec quatre parties, on obtient le plus beau rouge. L'auteur prescrit d'ajouter toujours du carbonate de chaux à la garance, lorsque l'eau dont on fait usage n'en contient pas naturellement. Son effet est

(1) Ann. de Chim. tom. XLI.

de décomposer du sulfate de magnésie que Bertholdi a trouvé dans la garance, si toutesfois le carbonate de chaux peut décomposer le sulfate de magnésie, et s'il est plus avantageux d'avoir du sulfate de chaux que du sulfate de magnésie.

Il n'emploie pour l'avivage que de l'eau contenant un sachet de son, dont il soutient l'ébullition pendant huit heures, en renouvelant celle qui s'évapore.

On peut se procurer une grande variété de nuances différentes, en donnant au coton une autre couleur, avant de le passer au bain huileux.

Pallas dit, dans le journal de Pétersbourg de 1776, que les arméniens que les troubles de la Perse ont obligés de se retirer à Astracan, teignent en rouge de Turquie en imprégnant le coton d'huile de poisson, et en le fesant sécher alternativement, pendant sept jours; qu'ils ont remarqué que les autres huiles ne réussissaient pas, que même ils ne prenaient pas indifférement celle de tous les poissons, mais qu'ils choisissaient celle de quelques poissons, qui devient laiteuse aussitôt qu'on y mêle une solution alcaline. Après ces imprégnations et dessiccations répétées, ils lavent le coton et le font sécher; après cela ils lui donnent un bain astringent dans lequel ils mettent un peu d'alun; ils le teignent dans un bain de garance, en y ajoutant du sang de veau ; enfin ils le font digérer pendant vingt-quatre heures dans une solution de soude.

Si l'on fait bouillir quelques minutes, dans de l'eau de savon, du coton teint par un procédé quelconque avec la garance, il prend une couleur rosée ; si on le comprime alors, on en exprime une matière grasse qui a la couleur du rouge d'Andrinople, et qui s'attache au coton blanc. OEtinger a observé, dès 1764 (1), que l'huile avait la propriété de dissoudre la partie colorante du rouge d'Andrinople, de manière que, si on l'humecte d'huile, sa couleur se communique au coton blanc, avec lequel on le frotte quelque temps. Il avait conclu de là que l'huile devait entrer dans la préparation du rouge d'Andrinople ; et l'abbé Mazeas a déjà prouvé depuis long-temps que l'huile était indispensable dans cette teinture (2).

L'espèce de garance qu'on emploie, influe beaucoup sur la couleur qu'on obtient. Il paraît indispensable, pour obtenir une couleur égale au rouge d'Andrinople, d'employer celle qu'on appèle lizary.

(1) Dissert. de viribus radic. rubiæ tinct. antiarchiticis a virtute ossa animal. vivorum tingendi non pendentibus.

(2) Recherches sur la cause physique de l'adhérence de la couleur rouge, etc. *Mém. des Sav. étrangers*, tom. IV.

On doit distinguer dans le coton teint en garance, la faculté de résister long-temps à l'action de l'air et celle de résister aux alcalis et au savon. Cette dernière ne peut s'obtenir que par le moyen des huiles et des graisses ; mais la première dépend principalement des mordants qu'on a employés, et des autres manipulations ; ainsi, les rouges sur toiles imprimées, peuvent être très-solides, sans soutenir l'action des lessives, comme le rouge d'Andrinople.

Il est donc à propos, indépendamment de la beauté de la couleur, d'employer des procédés analogues à celui du rouge d'Andrinople, pour les objets qui sont sujets à éprouver des lessives et de fréquents savonnages.

CHAPITRE III.

De la cochenille.

La cochenille a d'abord été prise pour une graine, mais les observations de Lewenhoek firent voir que c'était un insecte. On nous l'apporte du Mexique : cet insecte y vit sur différentes espèces d'opuntia. La femelle a le corps applati du côté du ventre, et hémisphérique sur le dos, qui est rayé par des rides transversales : sa peau est d'un brun sombre; sa bouche est un point subulé qui sort du côté du thorax : elle a six pieds bruns, très-courts, et point d'ailes; le mâle a le corps très-alongé, d'une couleur rouge foncée, couvert de deux ailes horizontalement baissées, et un peu croisées sur le dos; il a deux petites antennes à la tête, et six pieds plus grands que ceux de la femelle; son vol n'est pas continu, mais il voltige en sautant très-rarement; sa vie, qui n'est que d'un mois, se termine par ses amours; et la femelle fécondée vit un mois de plus, et meurt après le part : elle est quelquefois ovipare et quelquefois vivipare. Après leur naissance, les femelles se dispersent sur les articles de l'opuntia, et elles s'y fixent par leur trompe jusqu'à la fin de leur vie.

On récolte au Méxique, deux sortes de cochenille; la cochenille silvestre, qu'on y appèle, d'un nom espagnol, *grana silvestra*, et la cochenille fine, ou *grana fina*, qu'on nomme aussi mestèque, du nom d'une province du Méxique, et qu'on élève sur le nopal. La première est plus petite et recouverte d'un duvet cotonneux qui la surcharge d'un poids inutile pour la teinture : elle donne donc à poids égal, moins de couleur, et elle est d'un prix inférieur à celui de la cochenille fine; mais ces désavantages sont peut-être compensés par son éducation plus facile et moins dispendieuse, et par les effets même de son duvet, qui la met en état de résister beaucoup mieux aux pluies et aux orages.

La cochenille silvestre, qu'on élève sur le nopal, perd en partie la tenacité et la quantité de son coton, et elle acquiert une grandeur double de celle qu'elle a sur les autres opuntias. On peut donc espérer qu'elle se perfectionnerait par une éducation suivie, et qu'elle se rapprocherait de plus en plus de la cochenille fine.

Thieri de Menonville, s'exposa aux plus grands dangers, pour aller observer l'éducation de la cochenille au Mexique, pour en arracher cette production précieuse, et pour en enrichir la colonie de Saint-Domingue. Il rapporta avec lui de la cochenille fine, de la cochenille silvestre, et des nopals, qui sont l'espèce d'opuntia la plus propre à nourrir ces insectes.

Il s'occupa à son retour du plan du nopal et de différentes espèces d'opuntia, et de l'éducation des deux cochenilles; mais la mort le surprit, et la cochenille fine périt bientôt. Il avait, à son retour, reconnu la cochenille silvestre sur une espèce d'opuntia, nommé *péreschia* ou *patte de tortue*, qui se trouve à St.-Domingne. Cette découverte ne demeura pas infructueuse: Bruley s'occupa avec succès de l'éducation de cette cochenille: le cercle des philadelphes s'en occupa de son côté, et publia un ouvrage posthume de Thieri de Menonville, dans lequel on trouve une instruction très-détaillée sur ce qui a rapport à la culture du nopal et des autres opuntias qui peuvent lui être substitués avec plus ou moins de succès, à l'éducation de la cochenille et à sa préparation (1).

Deux mois après que les mères mises en réserve ont été semées sur le nopal, on voit sortir de leur sein quelques petites cochenilles; c'est le moment où il faut en faire la récolte : on les fait mourir dans l'eau bouillante. Les plaques de fer chaud et le four dont on fait usage quelquefois, peuvent détériorer les cochenilles par une trop grande chaleur. Après qu'on les a retirées de l'eau, on les fait sécher avec soin à un grand soleil. Elles perdent près des deux tiers de leur poids dans la dessiccation.

Quand la cochenille fine est sèche, on doit la passer par un crible assez large pour lui donner passage, mais qui puisse arrêter les bourres et le coton des larves des mâles. On met à part les bourres, et on les vend séparément, ou avec la cochenille silvestre.

(1) Traité de la culture du nopal et de l'éducation de la cochenille dans les colonies françaises de l'Amérique, précédé d'un voyage à Guaxaca, par M. Thierri de Menonville. *Ann. de chim.*, tom. V.

La cochenille fine qui a été bien séchée et bien conservée, doit avoir une couleur d'un gris tirant sur le pourpre. Le gris est l'effet d'une poudre qui la couvre naturellement et dont elle a conservé une partie : la nuance pourpre est due à la couleur qu'a extraite l'eau dans laquelle on l'a fait mourir.

La cochenille se conserve long-tems dans un lieu sec : Hellot dit qu'il en a essayé qui avait 130 ans d'ancienneté, et qui produisait le même effet qu'une cochenille nouvelle.

On a cru assez généralement que la cochenille devait sa couleur au nopal, sur lequel elle vit, et dont les fruits sont rouges ; mais Thiéri de Menonville observe que le suc qui lui sert de nourriture est verdâtre, et qu'elle peut vivre et se perpétuer sur des espèces d'opuntia dont le fruit n'est pas rouge.

La décoction de cochenille est d'un cramoisi tirant sur le violet.

Une petite quantité d'acide sulfurique a fait prendre à cette liqueur une couleur rouge tirant sur le jaune ; il s'est formé un petit précipité d'un beau rouge.

La dissolution du tartre a changé la liqueur en rouge jaunâtre. Il s'est formé lentement un petit précipité d'un rouge pâle : la liqueur surnageante est restée jaune ; en y versant un peu d'alcali, elle a pris une couleur pourpre. L'alcali, à dissous rapidement le petit précipité, et la dissolution était pourpre : la dissolution d'étain a formé un précipité rose avec la liqueur jaune.

La dissolution d'alun a éclairci la couleur de l'infusion et lui a donné une teinte plus rouge : il s'est formé un précipité cramoisi et la liqueur surnageante a conservé une couleur de cramoisi un peu rougeâtre.

Le mélange d'alun et de tartre a produit une couleur plus claire, plus vive et tirant sur le rouge jaunâtre ; il s'est formé un précipité beaucoup moins abondant, et beaucoup plus pâle que dans l'expérience précédente.

La dissolution d'étain a formé un dépôt abondant d'un beau rouge ; la liqueur qui surnageait était claire comme de l'eau, et n'a point changé de couleur par l'affusion de l'alcali.

Ayant versé la dissolution de tartre et après cela de la dissolution d'étain, il s'est formé plus promptement que dans l'expérience précédente un dépôt rose tirant sur le lilas ; et quoiqu'on ait ajouté une surabondance de dissolution d'étain, la liqueur surnageante est restée un peu jaune.

La dissolution de muriate de soude a rendu la couleur un peu plus foncée, sans troubler la liqueur.

Le muriate d'ammoniaque a donné une nuance de pourpre, sans occasionner de précipité.

Le sulfate de soude n'a produit aucun changement sensible dans la liqueur.

Ayant fait bouillir un peu de cochenille avec moitié de son poids de tartre, la liqueur tirait plus sur le rouge, et avait une couleur beaucoup moins foncée que celle qui provenait d'une égale quantité de cochenille sans tartre; mais la première a donné avec la dissolution d'étain un précipité plus abondant, qui avait une couleur plus intense; de sorte que le tartre favorise la dissolution des parties colorantes de la cochenille : quoique la couleur de la dissolution soit moins foncée, le précipité qui en provient par la dissolution d'étain a une nuance plus vive.

Le sulfate de fer a formé un précipité violet brun; la liqueur surnageante est restée claire avec un œil de feuille morte.

Le sulfate de zinc a formé un précipité d'un violet foncé; la liqueur surnageante est restée claire et sans couleur.

L'acétate de plomb a donné un précipité violet pourpré moins foncé que le précédent; la liqueur surnageante est restée claire.

Le sulfate de cuivre à produit un dépôt violet, qui s'est formé lentement; la liqueur surnageante est restée claire et violette.

Si l'on fait digérer dans l'alcool l'extrait que la décoction de cochenille donne par l'évaporation, les parties colorantes se dissolvent et laissent un résidu qui ne retient qu'une couleur de lie de vin, que de nouvel alcool ne peut lui ôter. Cette partie donne dans l'analyse par le feu, les produits des substances animales.

L'alcool de cochenille laisse par l'évaporation un résidu transparent qui est d'un rouge foncé, et qui, lorsqu'il est sec, a l'apparence d'une résine : il donne également par la distillation les produits des substances animales; de sorte que cette partie colorante est une substance animale.

La cochenille mestèque a été comparée avec la cochenille silvestre du Mexique et celle qui avait été élevée à Saint-Domingue et envoyée par Bruley.

La décoction de la cochenille silvestre a la même nuance que celle de la cochenille de Saint-Domingue : cette nuance tire plus sur le cramoisi que celle de la cochenille mestèque; mais les précipités qu'on en obtient, soit par la dissolution d'étain, soit par l'alun, sont d'une couleur parfaitement égale à ceux de la cochenille mestèque, et ce sont ces précipités qui colorent les étoffes en se combinant avec elles.

On s'est servi de l'acide muriatique oxigéné pour déterminer la proportion des parties colorantes que les décoctions de différentes cochenilles contenaient. On a fait bouillir pendant une heure un poids égal de chacune des trois cochenilles, en rendant toutes les circonstances autant égales qu'il était possible : ces trois décoctions filtrées ont été versées chacune dans un cylindre de verre gradué, et on y a mêlé du même acide muriatique oxigéné, jusqu'à ce qu'elles aient toutes trois été amenées à la même nuance de jaune. Les quantités d'acide qui représentent les proportions de parties colorantes se sont trouvées à-peu-près dans le rapport des nombres suivans; huit pour la cochenille de Saint-Domingue, onze pour la cochenille silvestre du commerce, dix-huit pour la cochenille mestèque.

On voit donc que la cochenille de Saint-Domingue est non-seulement fort inférieure à la cochenille mestèque, mais même à la cochenille silvestre du Mexique, et effectivement elle est beaucoup plus cotonneuse et plus petite ; mais ces désavantages ne doivent pas diminuer le zèle de ceux qui s'occupent de son éducation.

Les observations de Thieri de Menonville ont déjà prouvé que la cochenille silvestre perdait de son coton, et devenait plus grosse par une succession de générations soignées, et dans les commencements l'on a été obligé d'employer des nopals qui n'avaient pas atteint la grosseur nécessaire.

Relativement à la qualité de la couleur, on a vu que la cochenille de Saint-Domingue ne le cédait pas à la cochenille mestèque ; mais si le coton dont elle est recouverte pouvait nuire, dans les opérations en grand, à la beauté de l'écarlate dont l'éclat peut être si facilement altéré, on en trouverait un emploi avantageux, soit pour les demi-écarlates, soit pour les cramoisis et les autres nuances qui sont moins délicates que la plus vive des couleurs.

D'ailleurs, la cochenille silvestre se trouve dans plusieurs parties de l'Amérique septentrionale; le docteur Garden l'a observée dans la Caroline méridionale et la Georgie : elle existe aussi à la Jamaïque, et il pourra s'en trouver qui égale celle du Mexique. Bancroft en a examiné qui venait du Brésil, et il en a obtenu une couleur égale en beauté à celle de la cochenille mestèque : elle en donnait la moitié autant.

Anderson avait cru trouver la cochenille silvestre à Madras, mais les espérances qu'il avait données ne se sont pas réalisées : l'insecte qu'il a pris pour la cochenille paraît se rapprocher du kermès, selon Bancroft, et les épreuves qu'il a faites sur un échantillon qui lui avait été envoyé, lui ont fait voir que cet insecte ne pouvait donner aux étoffes qu'une couleur brune de chocolat, qui, à la vérité, est solide.

On peut observer un caractère distinctif entre la cochenille et la garance dans leur manière de se comporter avec les réactifs : l'une et l'autre reçoivent une couleur jaune des acides; mais si l'on sépare les parties colorantes de la cochenille par une substance qui les précipite de la liqueur acide, elles reparaissent avec leur couleur naturelle peu changée ; au lieu que celles de la garance retiennent une nuance jaune ou fauve ; de là vient que les mordants qui ont un acide abondant, tels que la dissolution d'étain, sont employés avec beaucoup plus de succès avec la cochenille qu'avec la garance. Cet effet est probablement dû à ce que la combinaison de la partie colorante de la garance avec l'oxide d'étain retient une portion d'acide, et que celle de la partie colorante de la cochenille n'en retient pas, ou en retient beaucoup moins.

Le *carmin* est la laque que l'on obtient de la cochenille par le moyen de l'alun ; mais on mêle à la cochenille une certaine proportion d'autour, qui est une écorce qui nous vient du Levant, et qui est d'une couleur plus pâle que la canelle : ordinairement on ajoute encore du chouan, qui est une semence d'une espèce inconnue, qui nous vient aussi du Levant et qui est d'un vert jaunâtre. Il y apparence que ces deux substances fournissent avec l'alun un précipité jaune qui sert à éclaircir la couleur de la laque de la cochenille, de même qu'une partie colorante jaune sert à donner à l'écarlate une couleur de feu. On fait aujourd'hui un carmin supérieur par un procédé qui n'est pas public. Le carmin se préparait autrefois avec le kermès, d'où il tire son nom.

CHAPITRE IV.

De la teinture en écarlate.

L'ÉCARLATE est la plus belle et la plus éclatante des couleurs de la teinture. Le goût n'est pas constant sur la nuance qu'on préfère : l'on demande quelquefois que l'écarlate soit d'un rouge parfait et plus foncé, plus souvent, qu'elle incline plus ou moins à la couleur de feu.

On ne peut espérer d'obtenir la nuance que l'on desire des doses précises qui sont prescrites dans les procédés, parce qu'il y a des variations dans la quantité de parties colorantes qui sont contenues dans les différentes espèces de cochenille fine, et sur-tout parce que les dissolutions d'étain dont on s'est servi, peuvent différer considérablement entre elles; mais on peut facilement déterminer, par des essais en petit, les justes proportions des ingrédients dont on fait usage, pour obtenir la nuance que l'on desire; et si les pièces que l'on teint se trouvent au-dessus ou au-dessous de cette nuance, il n'est pas difficile d'atteindre aux proportions convenables.

La teinture en écarlate s'exécute en deux opérations ; la première s'appèle le bouillon, et la seconde la rougie.

Pour le bouillon destiné à la teinture de 50 kilogrammes de drap, on jette dans l'eau, lorsqu'elle est un peu plus que tiède, 3 kilogrammes de tartre pur : on pallie fortement le bain, et lorsqu'il est un peu plus chaud, on y jette 0,25 kilogrammes de cochenille en poudre, que l'on y mêle bien ; un moment après on y verse 2,5 kilogram. de dissolution d'étain bien claire, que l'on mêle avec soin, et dès que le bain commence à bouillir, ou y met le drap, que l'on fait circuler rapidement pendant deux ou trois tours ; ensuite on ralentit le mouvement. Après deux heures d'ébullition, on le lève, on l'évente et on le porte à la rivière pour être bien lavé.

On vide la chaudière pour préparer le second bain, qui est la rougie. Lorsque ce bain est prêt à bouillir, on y met 2,75 kilogrammes de cochenille pulvérisée et tamisée ; on la mêle avec soin, et lorsqu'après avoir cessé de remuer, une croûte qu'elle vient former à sa surface s'entr'ouve d'elle-même en plusieurs endroits, on verse à peu près 7 kilogrammes de dissolution d'étain. Si après cela, le bain s'élève par-dessus les bords de la chaudière, on le rafraîchit en y mettant de l'eau froide.

Lorsque la dissolution est bien mêlée, on jette le drap dans le bain, avec la précaution de le tourner rapidement les deux ou trois premiers tours; on le fait bouillir pendant une heure, en l'enfonçant dans le bain avec des bâtons, lorsque le bouillon le soulève : on le lève ensuite, on l'évente, on le refroidit, puis on le lave à la rivière et on le fait sécher.

Les proportions de cochenille et de dissolution d'étain, que l'on fait entrer soit dans le bouillon, soit dans la rougie, ne sont pas constantes. Il y a des teinturiers qui, au rapport de Hellot, réussissent très-bien, et qui mettent les deux tiers de la composition et un quart de la cochenille au bouillon, et l'autre tiers de la composition avec les trois quarts de la cochenille à la rougie. Hellot prétend aussi qu'il n'est point nuisible d'employer du tartre à la rougie, pourvu qu'on n'en mette au plus que la moitié du poids de la cochenille, et même il lui a paru qu'il rendait la couleur plus solide; c'est actuellement la pratique de plusieurs teinturiers. L'on a vu qu'il favorisait la dissolution des parties colorantes, effet qui a sur-tout lieu lorsqu'on le broie avec la cochenille, et par là le résidu se trouve mieux épuisé. Cette considération a moins de poids, lorsqu'on travaille de suite, parce qu'alors les parties colorantes qui se trouvent dans le résidu, sont employées dans les opérations subséquentes; mais il ne faut pas négliger l'influence que le tartre a sur la qualité de la couleur, que nous déterminerons plus particulièrement.

Il y a quelques teinturiers qui ne lèvent pas le drap du bouillon, et qui ne font que le rafraîchir, pour faire la rougie sur le même bain, en y versant l'infusion de cochenille qu'ils ont faite à part, et à laquelle ils ont mêlé la quantité convenable de composition : l'on épargne parlà du temps et du combustible, et l'on peut obtenir une bonne écarlate.

Comme on desire ordinairement que l'écarlate ait beaucoup de vivacité, et qu'elle approche de la couleur de feu, on lui donne une teinte jaunâtre en fesant bouillir du fustet dans le premier bain, ou bien en ajoutant un peu de curcuma à la cochenille. On reconnaît que l'on a fait usage de ces ingrédients en coupant l'écarlate, dont l'intérieur se trouve alors teint en jaune; car, par le procédé ordinaire, la cochenille ne pénètre pas l'intérieur de l'écarlate et le laisse blanc, ce qu'on appèle *trancher*.

Il est avantageux pour la teinture de l'écarlate de se servir de chaudière d'étain, parce que l'acide dont on fait usage attaque le cuivre, et que la dissolution qu'il en fait peut nuire à la beauté de la couleur; cependant, comme ces chaudières sont difficiles à faire dans une certaine grandeur, et comme elles sont sujettes à se fondre, si on oublie d'en retirer le feu avant de les vuider, plusieurs teinturiers font usage de chaudières de cuivre; mais il faut avoir soin de les tenir bien propres, de n'y pas laisser séjourner la liqueur acide, et d'empêcher que le drap qu'on y teint ne touche le métal, soit par le moyen d'un réseau, soit par le moyen d'un panier d'osier à claire-voie.

Scheffer prescrit pour le bouillon un dixième de dissolution d'étain sur un poids donné de drap, avec une égale quantité d'amidon et autant de tartre : il remarque que l'amidon sert à rendre la couleur plus uniforme, et il prescrit de jeter dans l'eau, quand elle bout, $\frac{1}{128}$ de cochenille, de bien agiter, d'y faire bouillir la laine pendant une heure et de la laver; il prescrit ensuite de la faire bouillir une demi-heure dans le bain qui sert de rougie, avec $\frac{1}{32}$ d'amidon, $\frac{1}{24}$ de dissolution d'étain, $\frac{1}{32}$ de tartre et $\frac{1}{18}$ de cochenille.

On voit que Scheffer emploie une beaucoup plus petite quantité de dissolution d'étain que Hellot, mais celle dont il fait usage contient beaucoup plus d'étain.

Poerner décrit trois principaux procédés, selon la nuance plus ou moins foncée, plus ou moins orangée, qu'il veut donner à l'écarlate, en fesant varier les proportions de la dissolution d'étain, de cochenille et du tartre, ou en supprimant le dernier.

Pour diriger le procédé de l'écarlate de la manière la plus avantageuse, et pour en varier les résultats selon le but que l'on se propose, il faut reconnaître quel est l'effet de chacun des ingrédients qui y est employé.

On avait, dans la première édition de ces éléments, attribué au tartre la propriété de donner une nuance plus foncée et plus rosée aux parties colorantes de la cochenille. Cette opinion pouvait même être regardée comme générale, mais Bancroft l'a combattue avec raison : il prétend que si l'on supprime le tartre, on a une couleur cramoisie ; que le tartre donne naissance à un tartrite d'étain insoluble, qui fait avec la cochenille une couleur jaune ; que l'écarlate ordinaire est un mélange d'un quart de cette couleur jaune et de trois quarts ou un peu plus de la couleur cramoisie que donne la cochenille avec la dissolution d'étain : en conséquence il propose de substituer au tartre une teinture préliminaire avec le quercitron, qui, par son jaune, produit le même effet, et de teindre ensutie avec la dissolution d'étain et la cochenille, dont il ne faut alors que les $\frac{4}{5}$ de la proportion ordinaire.

Nous avons teint de l'écarlate en employant les proportions de dissolutions d'étain et de tartre, qui ont été indiquées en premier ; un autre échantillon pour lequel nous avons doublé la proportion du tartre, et un troisième pour lequel nous avons supprimé cet ingrédient : le premier a pris une belle couleur écarlate; le second inclinait plus au jaune, et le troisième avait une couleur vineuse et moins vive, quoiqu'il ne fût pas exactement cramoisi.

Il est donc vrai que le tartre fait incliner au jaune la couleur de la cochenille, et qu'il produit d'autant plus cet effet, que la proportion en est plus grande : nous n'avons pas vérifié si l'on pouvait remplacer entièrement cet effet par un jaune produit par un autre moyen. Si la proportion de la dissolution d'étain est trop forte, elle devient nuisible et amaigrit la couleur, parce qu'une portion de la partie colorante est retenue en dissolution ; mais les différentes proportions d'étain que cette dissolution contient, ont aussi une influence : il nous a paru, qu'en général, plus était grande la proportion d'étain, plus le rouge était foncé. Nous nous sommes assez étendus sur la préparation de la dissolution d'étain, *part. Iere, sect. V.*

Bancroft recommande une dissolution d'une partie d'étain par le mélange d'un peu plus de deux parties d'acide sulfurique et de trois d'acide muriatique. Il décrit plusieurs autres essais qu'il a faits, soit en dissolvant l'étain dans différents acides, soit en substituant d'autres sels à base terreuse ou métallique à la dissolution d'étain ; mais ces essais n'indiquent pas des applications assez directement utiles à l'art, pour que nous en rapportions les résultats.

L'expérience fait voir que l'on peut teindre l'écarlate en une seule opération ; mais l'on parvient mieux à donner une teinture égale en divisant l'opération en deux, lorsque l'on teint en grand : il n'en est pas de même pour les nuances légères.

Si l'on trouve que l'écarlate que l'on vient de teindre est trop orangée, on peut affaiblir cette nuance en la lavant dans de l'eau chaude, surtout si cette eau contient quelque sel à base terreuse.

La rougie qui a servi à teindre l'écarlate n'est pas épuisée de parties colorantes, mais elle en contient encore une quantité qui varie selon que la cochenille a été réduite en poudre plus ou moins fine et selon la longueur de l'ébullition qu'on lui a fait subir. Ce bain retient outre cela une partie des mordants qu'on y avait mis ; mais comme la nature de ce résidu n'est pas constante, il serait illusoire de prescrire les doses précises des ingrédients que l'on doit y ajouter pour en obtenir les nuances qu'on veut en tirer : l'habitude du même procédé et l'expérience guident facilement un teinturier intelligent ; on s'en tiendra donc à quelques considérations générales.

Si l'on a beaucoup de drap à teindre en écarlate, on peut se servir, pour le bouillon, d'une rougie avec laquelle on vient de teindre, en défalquant de la quantité ordinaire de cochenille celle qu'on juge être restée dans le bain et en diminuant aussi la quantité de la dissolution d'étain; mais si l'on veut une couleur de feu, on commence par faire bouillir un sac de fustet, et on le retire avant d'ajouter les autres ingrédients.

On peut se servir après cela de ce bain, aussitôt qu'on en a retiré le drap, pour faire la couleur de grenade, en y fesant bouillir un sac de fustet; celui qui a déjà passé dans un bain est plus propre à cette nuance que le nouveau : après l'avoir retiré, on jette dans le bain, du tartre et de la composition; on pallie bien, et on y traite le drap comme pour la teinture de l'écarlate.

A la suite de cette couleur, on peut faire servir le bain pour les capucines, en y fesant bouillir du fustet et en y ajoutant du tartre et de la dissolution d'étain.

On peut encore se servir du bouillon précédent pour le langouste, l'orangé, le cassis, la couleur d'or et le jonquille, en y fesant bouillir du fustet et en y ajoutant un peu de cochenille et plus ou moins de tartre et de dissolution d'étain.

Quand on a donné le bouillon à tous les draps qu'on veut teindre, en procédant de la couleur la plus foncée à la plus claire, on les passe à la rougie, en allant au contraire de la couleur la plus claire à la plus foncée, et en ajoutant de plus en plus de la cochenille et de la dissolution d'étain jusqu'à ce qu'on soit parvenu au grenade et à la couleur de feu. Quand on est au tour de la couleur d'or et du jonquille, on ajoute du fustet, à moins qu'on n'ait fini ces couleurs dans le premier bain, comme on va voir qu'on peut le faire pour quelques nuances. Pour la couleur d'or et le cassis, on ajoute un peu de garance.

On peut faire les couleurs d'or, de cassis, de jonquille et de chamois après le bouillon de l'écarlate, en ajoutant, pour les deux premières, du fustet, de la dissolution d'étain et un peu de garance, un peu plus de fustet et un peu moins de dissolution d'étain pour la couleur d'or que pour le cassis; il faut beaucoup moins de dissolution d'étain pour le chamois. La couleur de biche peut se faire à la suite d'un bouillon d'écarlate sans aucune addition. Le café au lait demande un peu de fustet et de dissolution d'étain et une très-petite quantité de garance; enfin l'on ajoute à ces derniers ingrédients un peu de cochenille et de tartre pour le chocolat au lait.

On se sert ordinairement d'un bain frais pour le bouillon des couleurs de cerises, et on le compose de tartre et de dissolution d'étain; ensuite on emploie pour les teindre une rougie qui a servi à l'écarlate, en y ajoutant du tartre, de la dissolution d'étain et un peu de cochenille. On n'emploie pour le bouillon et pour la rougie que la moitié du temps que durent ces opérations pour la teinture de l'écarlate, et en général on diminue le temps en raison de la délicatesse des nuances. On peut se servir, pour le bouillon du rose, de la rougie du cerise, et l'on compose sa rougie avec un peu de dissolution d'étain et de tartre et très-peu de cochenille. On peut foncer la couleur en passant le drap, au sortir de la teinture, dans l'eau chaude.

La couleur de chair se fait à la suite d'une rougie, en jetant un peu de bain et en le rafraîchissant. On peut le faire aussi à la suite des violets, en y ajoutant un peu de dissolution d'étain; il ne faut faire bouillir que très-peu de temps.

Enfin, la rougie dont on a tiré l'écarlate peut servir pour les gris qui doivent avoir un œil vineux, en rafraîchissant le bain, y ajoutant de la noix de galle et ensuite un peu de sulfate de fer ou vitriol vert.

Il faut observer que les nuances faibles et délicates, telles que les langoustes et les orangés, de même que les lilas, mauves, cerises, roses, ont plus d'éclat et de fraîcheur lorsqu'on les prépare dans un seul bain, que lorsqu'on leur fait subir et le bouillon et la rougie : pour cela il suffit de mettre dans ce bain les ingrédients nécessaires. Le drap simplement mouillé et n'étant point imprégné de mordant, se charge des parties colorantes moins promptement et d'une manière plus égale. Il y a aussi dans cette manière d'opérer une épargne de temps et de combustible.

CHAPITRE V.

De la teinture en cramoisi.

Tous les procédés dont on fait usage pour obtenir les différentes nuances de cramoisi, depuis les plus claires jusqu'aux plus foncées, peuvent être rapportés à deux. Ou l'on donne la nuance de cramoisi que l'on desire au drap déjà teint en écarlate, ou bien on teint d'abord en cramoisi.

L'alun, en général, les sels à base terreuse, les alcalis fixes et les alcalis volatils, ont la propriété de changer la couleur de l'écarlate en cramoisi, qui est la couleur naturelle de la cochenille. L'on n'a donc qu'à faire bouillir pendant environ une heure le drap teint en écarlate dans une dissolution plus ou moins chargée d'alun, selon que l'on veut obtenir une couleur plus ou moins foncée; mais comme les autres sels à base terreuse ont la même propriété, et que les eaux contiennent plus ou moins de ces sels, d'où vient qu'elles rosent plus ou moins les nuances d'écarlate qu'on y passe, sur-tout quand elles sont échauffées, la quantité d'alun nécessaire pour obtenir le cramoisi varie suivant la nature des eaux qu'on emploie, et même, lorsqu'elles se trouvent bien chargées de ces sels, elles peuvent suffire sans qu'on y ajoute de l'alun. Lorsqu'une pièce d'écarlate a quelques défauts, on la destine au cramoisi.

Hellot dit qu'il a essayé le savon, la soude, la potasse, la cendre gravelée; que toutes ces substances ont produit le cramoisi qu'il desirait, mais qu'elles le ternissaient et lui donnaient moins d'éclat que l'alun : au contraire, l'ammoniaque produisait un très-bon effet; mais comme elle s'évaporait promptement, il en fallait mettre dans le bain une quantité considérable, ce qui augmentait beaucoup le prix de la teinture. Il imagina donc de mettre dans le bain un peu plus que tiède, un peu de muriate d'ammoniaque ou sel ammoniac, et une quantité égale de potasse ordinaire : le drap prenait sur-le-champ une couleur très-rosée et très-brillante; il prétend même qu'on peut diminuer un peu la quantité de la cochenille par ce moyen qui rehausse la couleur. Poerner, qui donne ce même procédé, prescrit de laisser l'écarlate pendant vingt-quatre heures dans la dissolution froide de muriate ammoniacal et de potasse.

Pour teindre immédiatement en cramoisi, on se sert, par kilogram. de drap, pour le bouillon, d'une dissolution de 0,153 d'alun et de 0,092 de tartre avec 0,060 de cochenille; mais on ajoute ordinairement de la dissolution d'étain, quoiqu'en plus petite proportion que pour l'écarlate. Les procédés que l'on suit varient beaucoup, selonl a nuance plus ou moins foncée, plus ou moins éloignée de la couleur de l'écarlate, que l'on veut obtenir. Quelques-uns font usage du muriate de soude pour le bouillon.

On se sert souvent de l'orseille et de la potasse pour brunir les cramoisis et leur donner plus d'éclat; mais ce lustre qui en impose disparaît bientôt.

Le bouillon pour le cramoisi se fait quelquefois à la suite d'une rougie pour l'écarlate, en y ajoutant le tartre et l'alun, et même on prétend que le soupe au vin dont on fait et le bouillon et la rougie à la suite de l'écarlate, a plus d'éclat que lorsqu'on le teint sur un bain frais. On peut substituer pour ces couleurs la cochenille silvestre à la cochenille fine; mais comme elle contient moins de parties colorantes, il faut en augmenter la quantité.

La rougie qui a servi au cramoisi peut être employée pour les pourpres et autres couleurs composées, dont il sera parlé dans la suite.

On fait des demi-écarlates et des demi-cramoisis en remplaçant la moitié de la cochenille par la garance, en donnant d'ailleurs le même bouillon que pour l'écarlate et en suivant dans le reste le procédé de la rougie de l'écarlate ou du cramoisi. Au lieu de moitié, on peut employer d'autres proportions de garance, selon l'effet qu'on veut obtenir. On donne aussi plus d'éclat au rouge ordinaire de garance en fesant son bouillon à la suite de la rougie de l'écarlate.

On distingue sur la soie le cramoisi fin qui est dû à la cochenille, du cramoisi faux, que l'on obtient du bois de Brésil.

Les soies destinées à être teintes en cramoisi de cochenille ne doivent être cuites qu'à raison de vingt parties de savon pour cent de soie, parce que le petit œil jaune qui reste à la soie quand elle n'est décreusée qu'à ce point, est favorable à cette couleur.

Les soies bien dégorgées à la rivière, sont mises dans un alunage qui soit dans toute sa force; on les y laisse ordinairement depuis le soir jusqu'au lendemain matin; après quoi on les lave et on leur donne deux battures à la rivière.

Pour préparer le bain, on remplit d'eau une chaudière longue, environ jusqu'à moitié ou aux deux tiers; et quand cette eau est bouillante, on y jette de la noix de galle blanche pilée, depuis le seizième jusqu'au huitième du poids de la soie, et après quelques bouillons, on met dans le bain depuis le huitième jusqu'au cinquième de cochenille broyée et tamisée pour chaque quantité de soie, suivant la nuance que l'on veut faire; on ajoute ensuite dans le bain $\frac{1}{16}$ de tartre par quantité de cochenille, et quand le tartre est dissous, autant de dissolution d'étain. Cette dissolution doit contenir beaucoup plus d'étain que celle dont on fait usage pour l'écarlate, parce que celle-ci éclairerait trop la couleur. Macquer prescrit de la faire avec seize parties d'acide nitrique, deux de muriate ammoniacal, autant d'étain fin en grenailles et douze d'eau.

On mêle les ingrédients, et on achève de remplir la chaudière avec de l'eau froide; la proprotion du bain est d'environ dix-huit à vingt litres d'eau pour chaque kilogramme de soie. On plonge aussitôt les soies en les lisant jusqu'à ce qu'elles paraissent bien unies. Alors on pousse le feu et on fait bouillir le bain pendant deux heures en lisant les soies de temps en temps; après cela on retire le feu, et l'on fait plonger les soies dans le bain; on les y tient pendant quelques heures; on les lave à la rivière en leur donnant deux battures, on les tord et on les fait sécher.

Si l'on veut brunir les cramoisis, on les passe après les avoir lavés, dans une dissolution plus ou moins chargée de sulfate de fer, selon la nuance que l'on veut obtenir ; et si l'on veut que la soie retienne une nuance de jaune, on ajoute à cette dissolution, plus ou moins de décoction de bois de fustet.

La noix de galle blanche est préférable, parce que la noire ternit la couleur du cramoisi, et même si l'on met une trop grande quantité de la première, la couleur est plus terne. Macquer prétend qu'elle ne sert qu'à augmenter le poids de la soie ; cependant son effet général est de rendre les couleurs plus solides; elle est au moins indispensable pour les cramoisis destinés à être brunis.

L'épreuve du vinaigre dont on se sert souvent pour distinguer le cramoisi de cochenille, du cramoisi faux, est infidèle, parce qu'elle ne peut faire distinguer les couleurs que l'on obtient des bois, lorsqu'on les a fixées par le moyen de la dissolution d'étain ; car alors elle résistent aussi bien au vinaigre que celles qui sont dues à la cochenille.

Macquer donne la description de la teinture de la soie cramoisie de Damas et de Diarbequir, qui a été communiquée par Granger, et celle du procédé qu'on suit à Gênes.

On a vu que l'on mettait dans le bain une très-petite quantité de dissolution d'étain pour teindre la soie en cramoisi. Si l'on voulait faire usage du même procédé par lequel on teint la laine en écarlate, la soie perdrait son lustre, et n'acquerrait qu'une faible couleur ; mais Macquer et Scheffer ont publié l'un et l'autre un procédé qui ne diffère que dans quelques circonstances, pour teindre la soie en rose et en ponceau, par le moyen de la dissolution d'étain, employée à froid pour éviter son action trop vive sur la soie.

Dans le procédé que Macquer publia en 1768, on prépare la dissolution d'étain en jetant peu à peu, trois parties d'étain, dans un mélange de quatre parties d'acide nitrique, et de deux parties d'acide muriatique. Quand la dissolution est finie, on y plonge six parties de soie à laquelle on a donné un bain de rocou ; on l'y laisse une demi-heure ; on l'exprime et on le lave jusqu'à ce que l'eau ne se trouble plus. Pour la teindre, on emploie un quart de cochenille, et $\frac{1}{16}$ de tartre sur le poids de la soie; on fait bouillir la liqueur, on la délaie dans une autre plus froide, de sorte que la main puisse la souffrir ; on y plonge la soie ; on anime le feu, et après une minute d'ébullition, on la retire et on la lave. La soie a pris par ce procédé une augmentation de poids d'un quart; sa couleur supporte le savon et est beaucoup plus solide que celle que lui donne le carthame.

C'est en 1751 que Scheffer décrivit en suédois

le procédé qui suit : on dissout une partie d'étain dans le mélange de quatre parties d'acide nitrique et d'une partie de muriate de soude ; on affaiblit la dissolution avec une double quantité d'eau ; on y laisse la soie en macération pendant vingt-quatre heures ; on la retire, on la lave dans de l'eau claire jusqu'à ce qu'elle ne soit plus laiteuse. On teint cette soie en la fesant bouillir pendant un quart d'heure avec cinq sixièmes de cochenille dans un bain peu étendu : la liqueur qui reste, contient encore beaucoup de parties colorantes qui peuvent servir à teindre la soie en nuance plus claire, ou bien pour la teindre par le procédé ordinaire en cramoisi ; elle peut encore servir pour la laine.

Scheffer décrit quelques variétés de son procédé pour obtenir différentes nuances : on va rappeler les principales. En exprimant la soie baignée dans la dissolution d'étain, la laissant toute la nuit dans une autre dissolution froide d'une partie d'alun, sur trente-deux d'eau, la tordant pour qu'elle sèche, la lavant et la passant ensuite au bain de cochenille, elle ne prend qu'un ponceau pâle : si, après avoir étendu une partie de dissolution d'étain avec huit parties d'eau, on y met la soie en macération pendant douze heures, qu'après cela on la tienne toute la nuit dans la dissolution d'alun, qu'on la lave, qu'on la sèche et qu'on la passe dans deux bains de cochenille comme ci-devant, en ajoutant au second bain un peu d'acide sulfurique, on aura un beau ponceau.

La principale différence des procédés de Macquer et de Scheffer, consiste dans le pied jaune que Macquer donne à la soie. Scheffer emploie une plus grande proportion de cochenille dans le bain de teinture; mais on ne peut déguiser, sur le rapport de ceux mêmes qui ont coopéré aux épreuves de Macquer à la manufacture des Gobelins, que la soie teinte par son procédé n'avait jamais atteint l'écarlate; cependant cette couleur desirée a fait multiplier les tentatives des artistes; ceux qui paraissent approcher le plus près du but, commencent par teindre la soie en cramoisi, ensuite ils recouvrent cette teinture de celle du carthame, par le procédé qui est décrit ci-après; enfin ils donnent à froid une teinture jaune: l'on obtient par là une belle couleur; mais la teinte du carthame se détruit par l'action de l'air, et la couleur se rembrunit assez promptement.

On se sert peu de la cochenille pour teindre le coton et le lin, parce qu'on peut leur donner, par le moyen de la garance, une couleur rouge qui est belle et solide; cependant Scheffer décrit un procédé dont on peut tenter l'usage: on trempe le lin ou le coton pendant vingt-quatre heures dans une dissolution froide d'étain; après cela on tord, on lave et on fait bouillir un quart-d'heure avec quatre sixièmes de cochenille. Le coton prend un rouge clair. Ces couleurs supportent l'action du soleil, mais non pas celle du savon. Berkenhout a aussi donné en Angleterre un procédé qui a peu de différence avec celui que nous avons décrit pour la soie, selon la description qu'en donne Bancroft, et qui selon lui, ne peut produire qu'un cramoisi, parce qu'il n'y entre pas du jaune.

La différence des procédés auxquels il faut avoir recours pour donner à la soie et au coton la couleur de l'écarlate, paraît dépendre de ce que ces substances ont une disposition beaucoup plus faible à s'unir avec les parties colorantes de la cochenille ou avec la combinaison de cette partie colorante et de l'étain; d'où il résulte que cette combinaison se sépare, se réunit en masses trop considérables, et se précipite avant que l'union ait pu s'opérer avec l'étoffe: mais l'on prévient cet inconvénient en commençant par imprégner l'étoffe, de dissolution d'étain, parce que l'oxide d'étain s'étant d'abord combiné avec elle, les molécules colorantes de la cochenille viennent s'y fixer, et qu'alors cette combinaison ne peut plus se précipiter. Il nous paraît donc que pour réussir dans ce procédé, il faut diriger ses vues vers les moyens les plus propres à produire d'abord une combinaison de l'oxide d'étain avec l'étoffe, sans altérer celle-ci, et de lui donner ensuite un alliage convenable de rouge de cochenille et de jaune, soit par le moyen du tartre, soit par le mélange d'une couleur jaune.

CHAPITRE VI.

Du kermès.

Le kermès (*coccus illicis.* Linn.) est un insecte qui se trouve dans plusieurs parties de l'Asie et de l'Europe méridionale. Il était connu des anciens sous le nom de *coccum squarlatinum*, *coccus baficus*, *infectorius*, *granum tinctorium*. On préférait celui qu'on recueillait dans la Galatie et dans l'Arménie ; aujourd'hui on le récolte principalement en Languedoc, en Espagne et en Portugal.

Le kermès vit sur un petit chêne (*quercus coccifera* Linn.) Les femelles deviennent massives et enfin elles restent sans mouvement ; elles ont alors à-peu-près la forme et la grosseur d'un pois, elles sont d'un brun rougeâtre ; leur forme les a fait prendre pendant long-temps pour les semences de l'arbre sur lequel elles vivent ; d'où vient qu'on les a appelées *graines de kermès* ; on leur a aussi donné le nom de vermillon.

Le premier qui en ait parlé avec assez d'exactitude est Pierre de Quiqueran, évêque de Sénez en 1550, *de laudibus provinciæ.*

L'histoire de cet insecte se trouve dans un mémoire de Nissole, *acad. des sciences*, 1714, et sur-tout dans les mémoires pour servir à l'histoire des insectes de Reaumur, *tom. IV.*

On croit que le kermès tire son nom d'un mot arabe qui signifie vermisseau, *vermiculus*, d'où vient le nom de *vermillon* qu'on lui a aussi donné. Astruc fait dériver ce nom de deux mots celtes, dont l'un signifie *chêne* et l'autre *gland*: *Mémoire pour servir à l'histoire naturelle du Languedoc.*

Le kermès est fixé sur l'écorce de l'arbrisseau par un duvet cotonneux blanc fourni par l'insecte. Chaptal a observé que ce duvet, ainsi que celui que donnent tous les insectes, de ce genre, avait plusieurs caractères du caoutchouc, qu'il était insoluble dans l'alcool, qu'il se fondait à la chaleur de l'eau bouillante, et qu'il brûlait avec flamme sur les charbons. Nous lui devons la description suivante de la méthode que l'on suit en Languedoc pour faire la récolte du kermès.

« Vers le milieu du mois de mai on commence « à recueillir le kermès, qui alors a acquis sa « grosseur ordinaire ; il ressemble par sa couleur « et sa forme à une petite *prunelle*. Cette récolte « dure ordinairement jusqu'au milieu du mois

« de juin, et quelquefois plus long-temps, si les « fortes chaleurs sont retardées ou s'il ne survient « pas de fortes pluies; car une grosse pluie d'orage « suffit pour mettre fin à la cueillette de l'année.

« Ce sont ordinairement des femmes qui font « cette cueillette : elles partent de grand matin « avec une lanterne et un pot de terre ver-« nissé, et vont ainsi avant le jour détacher avec « les doigts le kermès de dessus les branches. Ce « temps est plus favorable, 1°. parce qu'alors « les feuilles qui sont garnies de piquants, in-« commodent moins, étant ramollies par la rosée « du matin; 2°. parce que le kermès pèse davan-« tage, soit parce qu'il n'est pas desséché par le « soleil, soit parce qu'il s'en est échappé moins « de petits que la chaleur fait éclore. Cependant « on voit des personnes assez intrépides en ra-« masser pendant le jour, mais c'est rare.

« Une personne peut en ramasser une ou deux « livres par jour.

« Dans les premiers temps de la cueillette, le « kermès pèse davantage; aussi se vend-il moins « qu'à la fin, car alors il est plus sec et plus « léger.

« Le prix du kermès frais, varie encore suivant « le besoin des acheteurs et sa rareté; il se vend « communément de quinze à vingt sous la livre « au commencement, et de trente à quarante « sous vers la fin de la cueillette.

« Les personnes qui l'achètent, sont obligées « le plutôt possible d'arrêter le développement « des œufs pour empêcher la sortie des petits « contenus dans la coque ; cette coque n'est autre « chose que le corps de la mère qui a pris de « l'extension par le développement des œufs: cette « femelle n'a point d'ailes ; elle se fixe et s'établit « sur une feuille; le mâle vient la féconder, et « elle grossit ensuite par le simple développe« ment des œufs. Pour étouffer les petits conte« nus dans les œufs, on fait macérer le kermès « dans le vinaigre pendant dix à douze heures, « ou bien on l'expose à la simple vapeur du vi« naigre, ce qui exige moins de temps, car une « demi-heure suffit ; on le fait ensuite sécher sur « des toiles; cette opération lui donne une cou« leur rouge vineuse ».

Lorsqu'on écrase l'insecte vivant, il donne une couleur rouge; il a une odeur assez agréable, une saveur un peu amère, âpre et piquante: lorsqu'il est sec, il communique la même odeur et la même saveur à l'eau et à l'alcool auxquels il donne une couleur rouge foncée ; l'extrait qu'on obtient de ces infusions retient cette couleur.

Pour teindre avec le kermès la laine filée, on commence par la faire bouillir pendant une demiheure dans l'eau avec du son, ensuite deux heures dans un bain frais avec un cinquième d'alun de Rome et un dixième de tartre ; on y ajoute ordinairement de l'eau *sure* : on la retire après cette ébullition, on l'enferme dans un sac de toile qu'on porte dans un lieu frais où on le laisse quelques jours. Pour avoir une couleur saturée, on jette dans un bain tiède, trois quarts de kermès et même partie égale au poids de la laine que l'on met dans le bain au premier bouillon. Comme la densité du drap est plus considérable que celle de la laine filée ou en toison, il demande un quart de moins de sels dans le bouillon et de kermès dans le bain. Avec des proportions plus petites de kermès, on obtient des couleurs plus claires et plus pâles. Lorsqu'on veut faire une suite de nuances, il faut, comme à l'ordinaire, commencer par les plus foncées.

Hellot prescrit de jeter dans la chaudière où est le kermès, une petite poignée de laine de rebut avant d'y plonger celle qu'on veut teindre, et de l'y laisser bouillir un moment : elle enlève une espèce de fécule noire, et la laine qu'on passe ensuite, prend une plus belle couleur.

Avant de porter à la rivière la laine qu'on vient de teindre, on peut la passer sur un bain d'eau un peu tiède, dans laquelle on a fait fondre une petite quantité de savon. La couleur prend par là de l'éclat, mais elle se rose un peu, c'est-à-dire qu'elle prend un œil qui tire sur le cramoisi.

En employant le kermès avec le tartre sans

alun, et autant de dissolution d'étain que pour une écarlate de cochenille, Hellot a eu dans un seul bain, un canelle extrêmement vif. Le drap ayant été macéré avec une dissolution de sulfate de potasse, il a pris avec le kermès une couleur grise d'agate assez belle et solide ; après la macération avec le sulfate de soude, un gris sale et peu solide ; avec le sulfate de fer et le tartre, un beau gris ; avec le tartre et le sulfate de cuivre, une couleur olive, et de même avec le nitrate de cuivre. La dissolution de bismuth, versée goutte à goutte dans le bain de kermès, a produit un violet. Tous les acides le font passer au canelle, qui tire plus ou moins au rouge, selon que les acides sont faibles, et que leur quantité est petite. Les alcalis rosent sa couleur et la ternissent.

La couleur rouge que le kermès communique à la laine, a beaucoup moins d'éclat que l'écarlate qu'on fait avec la cochenille, et qui lui a été préférée généralement dès qu'on a connu l'art de relever la couleur propre à la cochenille par le moyen de la dissolution d'étain ; mais elle a beaucoup plus de solidité, et l'on peut en effacer les taches de graisse, sans l'altérer. C'est un rouge de sang qui s'est conservé sans altération dans les anciennes tapisseries. On donnait à l'écarlate de kermès, le nom d'*écarlate de graine*, parce qu'on prenait cet insecte pour une graine : on lui donnait encore le nom d'écarlate de Venise, parce que c'est dans cette ville qu'elle se manufacturait principalement.

On n'a pas négligé d'employer la dissolution d'étain pour le kermès, comme pour la cochenille, et Scheffer décrit plusieurs procédés pour teindre par ce moyen avec le kermès; mais sa couleur tire alors sur le jaune ou le canelle, parce que la combinaison qui se forme avec la partie colorante et l'oxide d'étain, retient de l'impression de l'acide une couleur jaune, comme cela arrive à la partie colorante de la garance.

La solidité de la couleur du kermès a souvent fait regretter que nos teinturiers en aient abandonné l'usage, car ils en employent très-peu à présent. Quelques uns en mêlent une petite quantité avec la cochenille : on a observé que ce mélange contribuait à donner plus de fond à la couleur, mais il en ternit l'éclat. La plus grande partie du kermès est envoyée dans le Levant.

On n'a pu jusqu'à présent donner à la soie, par le moyen du kermès, qu'une couleur rougeâtre terne.

On appèle écarlate *demi-graine* celle pour laquelle on emploie moitié kermès et moitié garance. Ce mélange donne une couleur très-solide, mais qui n'est pas vive, et qui tire un peu sur la couleur du sang. On dit que c'est ainsi que l'on teint à Orléans les turbans qu'on y fabrique pour le levant ; on ajoute probablement un peu de bois de Brésil.

Le coccus polonicus est un petit insecte rond qu'on trouve adhérent aux racines d'une espèce de polygonum (*sclerantus perennis*) : on le recueille sur la fin de juin, dans quelques provinces de Pologne. Il paraît avoir des propriétés semblables à celles du kermès ; mais on n'en fait aucun usage en Europe ; il se vend aux commerçants turcs et arméniens. Il est employé en Turquie pour teindre la laine, la soie, les crins des chevaux ; les femmes s'en servent pour colorer leurs ongles.

Il y a plusieurs autres insectes qui pourraient également donner une couleur rouge ; quelques uns même ont été employés ; mais les avantages que présente la cochenille en ont fait abandonner ou négliger l'usage.

CHAPITRE VII.

De la laque ou gomme-laque.

La laque est une substance d'un rouge plus ou moins foncé, qu'on nous apporte des Indes sous différentes formes. Cette substance est un ouvrage analogue à celui des ruches d'abeilles, construit par une espèce de coccus que Kerr et Roxburgh ont observé et décrit (1), et qui vit et forme des cellules sur différentes espèces d'arbustes. Geoffroy, qui a donné des observations intéressantes sur cette substance (2), la regarde comme une véritable cire, qui ne doit sa couleur qu'aux embryons des insectes qui y ont formé des alvéoles d'une forme presque ronde; de sorte que le nom de gomme ne peut lui convenir.

On distingue plusieurs espèces de laque; les principales sont, 1°. la laque en bâtons; c'est l'ouvrage que les fourmis ont construit autour de petites branches. Cette espèce est la plus riche en couleur, cependant il y en a à Madagascar qui n'est presque pas colorée.

2°. La laque en grains : elle est moins colorée que la précédente.

3°. La laque en tables; on l'apporte en plaques plus ou moins considérables, plus ou moins transparentes. Elle a ordinairement une couleur sale, et elle est mêlée avec du bois et de la terre. Il y a apparence que les Indiens en ont déjà extrait la partie colorante. Ce sont ces deux dernières espèces qui sont employées pour la cire à cacheter, en les colorant avec le minium pour la cire rouge, le noir de fumée pour la cire noire,

(1) Trans. philos. 1781. 1791.
(2) Mém. de l'acad. 1714.

l'orpiment pour la cire qui est de couleur d'aventurine, etc. Geoffroy dit que la laque, séparée des petits corps qu'elle contient, lui a donné par la distillation les mêmes produits que la cire, et que les petits corps qui se réduisent en poudre d'un beau rouge lui ont donné les produits des substances animales. Les parties colorantes qui sont dues à ces petits corps, qu'il prend pour des crysalides, se dissolvent dans l'eau et dans l'alcool, et leur donnent une belle couleur rouge.

Pour la teinture, il faut choisir la laque en bâtons, la plus haute en couleur; on en sépare les bâtons, et on la réduit en poudre.

La couleur qu'on obtient de la laque n'a pas l'éclat d'une écarlate faite avec la cochenille; mais elle a l'avantage d'avoir plus de solidité. On peut s'en servir d'une manière utile, en en mêlant une certaine quantité avec la cochenille; et si on n'en met pas une trop forte proportion, l'écarlate n'en est pas moins belle et elle est plus solide.

Pour séparer la partie soluble à l'eau, et pour en estimer la proportion avec la cire ou résine, Hellot avait coutume de l'extraire dans l'eau avec le mucilage de la consoude, d'en précipiter la partie colorante avec l'alun, de la recueillir et de la sécher : il obtenait par ce procédé un précipité qui ne fesait que le cinquième de la laque en poids, et c'était de ce précipité qu'il se servait pour teindre ; mais ce précipité est une combinaison des parties colorantes avec l'alumine ou base de l'alun.

On peut employer la laque d'une manière plus simple ; il faut seulement avoir la précaution de faire bouillir la cochenille et la dissolution d'étain le temps convenable : après cela on rafraîchit le bain et l'on y met la laque en poudre. Elle exige une chaleur très-tempérée, sans quoi elle teint d'une manière inégale : elle demande une quantité de dissolution d'étain encore plus considérable que la cochenille. Le drap doit être lavé très-chaud au sortir de la chaudière, parce que les parties résineuses qui s'y sont fixées sont difficiles à détacher lorsqu'elles sont refroidies. On peut employer la laque avec succès pour le soupe au vin, en la mettant au bouillon, dans lequel il ne faut point alors faire entrer d'alun, parce qu'il précipiterait trop promptement sa partie colorante. On se sert de cochenille à la rougie, et l'on brunit à la manière ordinaire.

Selon Hellot, l'alcali fixe ou l'eau de chaux changent le rouge vif produit par la laque en couleur de lie de vin, et le muriate d'ammoniaque donne des couleurs de canelle ou de marron clair, selon qu'il y a plus ou moins de ce sel.

Geoffroy conjecture qu'on se sert de la laque pour teindre le maroquin rouge du Levant, après lui avoir fait subir les préparations convenables ;

en effet il paraît qu'on emploie la laque avec la cochenille pour cet objet à Diarbekir, et qu'à Nicosie l'on fait usage du kermès. Quemiset prétend qu'on peut employer indifféremment le kermès, la cochenille ou la laque (1).

Ce qui paraît distinguer avantageusement la laque du kermès, c'est qu'elle supporte l'action de la dissolution d'étain et qu'elle en éprouve les bons effets sans que sa couleur soit changée en jaune, et même on vient de voir qu'elle en exige une plus grande proportion que la cochenille.

CHAPITRE VIII.

De l'orseille.

L'ORSEILLE dont on se sert en teinture est sous la forme d'une pâte d'un rouge violet. On en distingue principalement deux espèces, l'orseille d'herbe ou des Canaries, et l'orseille de terre ou d'Auvergne, qu'on nomme aussi pérelle. La première est beaucoup plus estimée : elle se prépare avec une espèce de lichen (*lichen roccella*), qui croît sur les rochers voisins de la

(1) L'art d'apprêter et de teindre toutes sortes de peaux.

mer, aux Canaries et au Cap-Verd; la seconde espèce se prépare avec un lichen (*lichen parellus*), qui croît sur les rochers d'Auvergne.

Micheli, cité par Hellot, dit que les ouvriers qui préparent l'orseille à Florence, réduisent la plante en poudre fine qu'ils passent à travers un tamis; qu'ils l'arrosent ensuite légérement de vieille urine; qu'ils remuent une fois par jour le mélange en y ajoutant à chaque fois une certaine proportion de soude en poudre, jusqu'à ce que la matière ait pris une couleur colombine: alors on la met dans un tonneau de bois, et on y ajoute de l'urine, ou de l'eau de chaux, ou de la dissolution de gypse, jusqu'à ce que la surface en soit recouverte, et on la conserve en cet état. Dans une description que l'on trouve dans l'ouvrage de Plicthò, l'on ajoute dans cette préparation du sel ammoniac, du sel gemme et du salpêtre; mais Hellot s'est convaincu, par l'expérience, que la chaux et l'urine étaient les seuls ingrédients nécessaires; qu'il fallait remuer fréquemment le mélange en ajoutant de nouvelles doses de chaux et d'urine. Il est bon de laisser évaporer à la fin l'alcali volatil qui s'est formé, pour que l'orseille prenne une odeur de violette que l'on trouve dans celle qui est bien préparée: cependant, pour la conserver longtemps, il faut avoir le soin de la tenir humectée d'urine.

Kalm dit, dans un appendice à la suite d'un mémoire de Linneus, qui est dans les mémoires de Stockholm de 1745, que dans quelques parties de la Suède on se sert pour teindre en rouge de deux lichens qu'il décrit ; et l'on dit, dans les mêmes mémoires de 1744, qu'il se trouve également en Suède une espèce de lichen (*lichen foliaceus umbilicatus subtus lacunosus. Linn. Flor. suec.*), laquelle étant préparée avec de l'urine, teint la laine et la soie en rouge et violet, beaux et durables.

Il y a plusieurs autres espèces de mousse et de lichen qui pourraient peut-être servir en teinture, si elles étaient préparés comme l'orseille. Hellot donne ce moyen de découvrir si elles possèdent cette propriété. On met un peu de ces plantes dans un vaisseau de verre; on humecte d'ammoniaque et de partie égale d'eau de chaux; on ajoute un peu de muriate d'ammoniaque ou sel ammoniac; ensuite on bouche le petit vaisseau : après trois ou quatre jours, si la plante est de nature à donner du rouge, le peu de liqueur qui coulera en inclinant le vaisseau qu'on a ouvert, sera teint d'un rouge cramoisi, et la plante elle-même prendra cette couleur. Si la liqueur ou la plante ne prend point cette couleur, on ne peut en rien espérer, et il est inutile de tenter sa préparation en grand : cependant Lewis dit qu'il a éprouvé de cette manière un grand nombre de mousses, et que la plupart lui ont donné une couleur jaune ou brune rougeâtre ; mais qu'il n'a obtenu que d'un petit nombre une liqueur d'un rouge foncé qui ne communiquait au drap qu'un rouge jaunâtre (1).

L'orseille préparée donne très-promptement sa couleur à l'eau, à l'ammoniaque et à l'alcool. C'est de sa dissolution par l'alcool qu'on se sert pour les thermomètres à esprit-de-vin ; et lorsque ces thermomètres sont bien privés d'air, la liqueur perd sa couleur dans quelques années, comme l'a observé Nollet (2). Le contact de l'air rétablit la couleur qui se détruit de nouveau dans le vide par le laps de temps. L'infusion aqueuse perd sa couleur par la privation de l'air dans peu de jours : phénomène singulier et qui mérite des observations nouvelles.

L'infusion d'orseille est d'un cramoisi qui tire sur le violet : les acides lui donnent une couleur rouge ; comme elle contient de l'ammoniaque qui a déjà modifié sa couleur naturelle, les alcalis fixes y produisent peu de changement, seulement ils la foncent un peu et la rendent plus violette. L'alun y forme un précipité d'un rouge brun ; la liqueur qui surnage conserve une couleur rouge jaunâtre. La dissolution d'étain donne

(1) The chemical works of Caspard Newman.

(2) Mém. de l'acad. 1742.

un précipité rougeâtre qui se dépose très-lentement ; la liqueur qui surnage retient une faible couleur rouge. Les autres sels métalliques produisent des précipités qui n'offrent rien de remarquable.

La dissolution aqueuse de l'orseille appliquée au marbre froid, le pénètre et lui communique une belle couleur violette ou bleue tirant sur le pourpre, qui résiste beaucoup plus long-temps à l'air que les couleurs de l'orseille appliquées à d'autres substances. Dufay dit qu'il a vu du marbre teint de cette couleur, l'avoir conservée au bout de deux ans sans altération.

Pour teindre avec l'orseille, on délaye dans un bain d'eau, lorsqu'elle commence à devenir tiède, la quantité d'orseille qu'on juge nécessaire, selon la quantité de laine ou d'étoffe qu'on a à teindre et selon la nuance à laquelle on veut les porter; on chauffe ensuite le bain jusqu'à ce qu'il soit prêt à bouillir, et on y passe la laine ou l'étoffe sans autre préparation que d'y tenir plus long-temps celle qu'on veut rendre plus foncée. On obtient par-là un beau gris de lin tirant sur le violet, mais cette couleur n'a aucune solidité; de sorte qu'on emploie rarement l'orseille dans une autre vue que de modifier, de rehausser et de donner de l'éclat aux autres couleurs. Hellot dit qu'ayant employé l'orseille sur la laine bouillie avec l'alun et le tartre, la couleur n'a pas plus résisté à l'air que celle qui n'a reçu aucune préparation. Mais il a obtenu de l'orseille d'herbe une couleur beaucoup plus solide, en mettant dans le bain un peu de dissolution d'étain ; par là l'orseille perd sa couleur naturelle et en prend une qui approche plus ou moins de l'écarlate, selon la quantité de dissolution d'étain qu'on emploie. Il faut exécuter ce procédé à-peu-près de la même manière que celui de l'écarlate, si ce n'est qu'on peut teindre en un seul bain.

On emploie souvent l'orseille pour varier différentes nuances et leur donner de l'éclat ; ainsi on s'en sert pour les violets, lilas, mauves, fleurs de romarin : pour obtenir un ton plus foncé, on y mêle quelquefois de l'alcali, du lait de chaux, comme pour les soupes au vin foncés. La suite de cette bruniture peut ensuite donner des agates, des fleurs de romarin et autres couleurs délicates qu'on ne peut obtenir si belles par d'autres procédés. L'alun ne peut pas être substitué à cet effet ; non-seulement il ne donne pas le même éclat, mais il dégrade les couleurs foncées.

L'orseille d'herbe est préférable à l'orseille d'Auvergne, par un plus grand éclat qu'elle communique aux couleurs et par une plus grande quantité de parties colorantes : elle a de plus l'avantage de soutenir l'ébullition ; enfin cette dernière ne peut s'allier avec l'alun qui en détruit la couleur ; mais l'orseille d'herbe a l'inconvénient de teindre d'une manière inégale, à moins qu'on n'ait l'attention de passer le drap dans l'eau chaude aussitôt qu'il sort de la teinture.

On ne se sert pas de l'orseille seule pour teindre la soie, si ce n'est pour les lilas, mais on passe souvent la soie dans un bain d'orseille, soit avant de la teindre dans d'autres bains, soit après qu'on l'y a teinte, pour modifier différentes couleurs et pour leur donner de l'éclat. On en donnera des exemples en traitant des couleurs composées : on se contentera d'indiquer ici comment l'on passe les soies blanches dans le bain d'orseille. Le même procédé s'exécute avec un bain plus ou moins chargé de cette couleur pour les soies qui sont déjà teintes.

On fait bouillir dans une chaudière, de l'orseille en quantité proportionnée à la couleur qu'on veut avoir ; on fait écouler toute chaude la liqueur claire du bain d'orseille, en laissant le marc au fond, dans une barque de grandeur convenable, sur laquelle on lise avec beaucoup d'exactitude les soies qui viennent d'être dégorgées du savon, jusqu'à ce qu'elles aient atteint la nuance qu'on desire ; après cela on leur donne une batture à la rivière.

En général l'orseille est un ingrédient très-utile en teinture ; mais comme elle est riche en couleur et qu'elle communique un éclat séduisant, les teinturiers sont souvent tentés d'en abuser et de passer les proportions qui peuvent ajouter à la beauté, sans nuire d'une manière dangereuse à la solidité des couleurs : néanmoins la couleur qu'on en obtient lorsqu'on emploie de la dissolution d'étain, est moins fugitive que sans cette addition ; elle est rouge et approche de celle de l'écarlate. Il paraît que c'est le seul ingrédient qui puisse augmenter sa solidité. On peut employer la dissolution d'étain, non-seulement dans le bain de teinture, mais pour la préparation de la soie : alors, en mêlant l'orseille à d'autres substances colorantes, l'on peut obtenir des couleurs qui ont de l'éclat et qui ont une solidité suffisante.

Nous avons parlé de la couleur de l'orseille, comme si elle lui était naturelle, mais elle la doit réellement à une combinaison alcaline : les acides la font passer au rouge, soit en saturant l'alcali, soit en se substituant à lui.

On fait subir une autre préparation au lichen qui produit l'orseille, pour en faire le tournesol ; c'est en Hollande que se fait cette préparation : on y fait venir le lichen des îles Canaries, ainsi que de Suède ; on le réduit en poudre fine par le moyen d'un moulin ; on y mêle une certaine proportion de potasse : on arrose d'urine le mélange, et on lui laisse éprouver une fermentation : lorsque celle-ci est parvenue à un certain degré, on ajoute du carbonate de chaux en poudre, pour donner de la consistance et du poids à la pâte, que l'on réduit ensuite en petits pains, auxquels on fait subir la dessiccation convenable (1).

CHAPITRE XI.*

Du carthame.

Le carthame ou safranum (*carthamus tinctorius*), dont la fleur seule est employée en teinture, est une plante annuelle que l'on cultive en Espagne, en Egypte et dans le Levant. Il y en a deux variétés, l'une qui a des feuilles plus grandes, et l'autre qui les a plus petites. C'est cette dernière qui est cultivée en Egypte, où elle fait un objet considérable de commerce.

On cultivait autrefois le carthame en Thuringe et en Alsace; mais la préférence que l'on donne à celui du Levant, l'a fait abandonner presque entièrement dans notre climat. Le célèbre Beckmann, qui a donné une dissertation très intéressante sur le carthame (2), a cherché en

(1) Journ. des arts et manufactures, tom. II.

(2) Comment. societ. gotting. t. IV, 1774.

quoi consistait la différence de celui qui était élevé dans notre climat, et de celui qu'on apportait du Levant; mais avant de faire usage de ses observations, il convient de faire connaître les propriétés de cette substance, telle qu'elle est employée en teinture.

Le carthame contient deux parties colorantes, l'une qui est jaune, et l'autre qui est rouge : la première seule, est soluble dans l'eau; sa dissolution est toujours trouble; elle présente avec les réactifs les caractères qu'on remarque ordinairement dans les parties colorantes jaunes; les acides la rendent plus claire, les alcalis la foncent et la rendent plus orangée; les uns et les autres y produisent un petit précipité fauve, au moyen duquel elle s'éclaircit. L'alun forme un précipité d'un jaune foncé, peu abondant; la dissolution d'étain et les autres dissolutions métalliques, des précipités qui n'ont rien de remarquable.

L'alcool ne tire qu'une légère teinture des fleurs dont on a extrait par des lotions suffisantes toute la substance jaune. Si l'on met ces fleurs dans une dissolution d'alcali caustique, elles deviennent jaunes, et la liqueur qu'on exprime est d'un jaune foncé. En saturant l'alcali, d'un acide, la liqueur se trouble, devient rougeâtre, et dépose peu de précipité jaune rougeâtre. Il se forme un précipité jaune avec les dissolutions d'alun, de zinc et d'étain, et un précipité tirant sur le vert, avec les dissolutions de fer et de cuivre. Si l'on s'est servi d'un carbonate d'alcali, les acides produisent un précipité abondant et plus rouge; mais la nuance du rouge diffère selon l'acide dont on se sert; l'alun produit aussi, avec cette dernière dissolution alcaline, un précipité rouge, qui est si léger qu'il vient ordinairement surnager la liqueur. Cette partie colorante est si délicate, si facile à altérer, que si on emploie de la chaleur pour la dissoudre, les précipités par les acides n'ont plus une si belle couleur.

Beckmann a observé que le carthame de Thuringe contenait beaucoup plus de substance jaune que celui du Levant; que d'ailleurs la partie rouge du premier ne cédait point en beauté à celle qu'on obtenait du dernier; mais que, pour obtenir un effet égal, il fallait moitié plus de l'un que de l'autre: il a cherché si cette différence dépendait du climat ou seulement de la préparation.

Hasselquist rapporte dans son voyage d'Egypte, que, lorsqu'on y a cueilli les fleurs de carthame, on les comprime entre deux pierres, pour en exprimer le suc; qu'on les lave après cela plusieurs fois avec l'eau de puits qui, en Egypte, est naturellement salée; qu'au sortir de l'eau on les exprime entre ses mains, qu'on les étend ensuite sur des nattes au-dessus des terrasses; qu'on les recouvre pendant le jour, pour que le soleil ne les sèche pas trop; mais qu'on les laisse exposées à la rosée pendant la nuit; qu'on les retourne de temps en temps, et que lorsqu'on les trouve sèches au point convenable, on les retire et on les conserve pour les mettre dans le commerce sous le nom de *saffranon*.

Si l'on compare le carthame du Levant, tel qu'il est dans le commerce, avec celui de Thuringe, l'on observe que le premier est plus pur, qu'il est un peu humide, et qu'il est en masses comprimées; que celui de Thuringe est plus sec et plus élastique. Ces différences, dépendent de la préparation. Les auteurs d'agriculture, trompés par la fausse dénomination de *safran bâtard* qu'on donne au carthame, ont cru qu'il le fallait traiter comme le safran. Ils prescrivent en conséquence de le recueillir par un temps sec et de le sécher avec beaucoup de soin : Beckmann pense au contraire que l'on doit imiter la méthode que l'on suit en Egypte; il conseille même d'ajouter un peu de sel à l'eau dont on doit se servir dans la préparation, pour lui donner la qualité qu'elle a naturellement en Egypte.

La fleur de carthame a une belle couleur de feu; mais elle jaunit en séchant : il ne faut la cueillir que lorsqu'elle se fane, et elle est meilleure lorsqu'elle a reçu la pluie dans cet état, quoiqu'on ait un préjugé contraire. On peut suppléer à la pluie en arrosant les fleurs matin et soir ; quand on les a cueillies, les semences peuvent encore mûrir.

Ces conseils sont dirigés dans la vue de favoriser la séparation de la substance jaune, dont l'abondance peut faire la différence du carthame de notre climat avec celui du Levant. Il convient de tenir le carthame dans un lieu humide ; car une trop forte dessiccation pourrait lui nuire.

Plusieurs motifs doivent engager à enrichir notre agriculture de cette production. Les semences du carthame sont très-bonnes pour servir de nourriture à la volaille, et particulièrement aux perroquets, d'où vient qu'on leur a donné le nom de *graine de perroquet*; l'on peut en exprimer une huile utile, et le résidu peut être donné au bétail ; les tiges et les feuilles sèches peuvent servir d'aliment pendant l'hiver aux brebis et aux chèvres, et les tiges trop fortes qu'elles ont dépouillées, peuvent ensuite servir à l'entretien du feu. Beckmann a éprouvé que le carthame mûrissait bien à Gottingue, où le sol est sablonneux. Le terrain doit être fumé avec modération ; il ne faut ni transplanter, ni arroser la plante. Nous en avons vû qui avait été recueilli à Amiens par les soins de Lapostolle, et qui était d'une bonne qualité.

L'on ne fait point usage de la substance jaune

du carthame ; mais, pour extraire cette partie, on met le carthame dans un sac, qu'on foule dans l'eau, jusqu'à ce qu'en l'exprimant il ne donne plus de couleur. Les fleurs qui étaient jaunes deviennent rougeâtres et ont perdu dans cette opération à-peu-près la moitié de leur poids ; c'est dans cet état qu'on en fait usage.

Cependant la substance jaune peut être employée. Poerner a fait plusieurs expériences sur cet objet. Il en résulte principalement que la laine prend sans préparation une couleur jaune qui n'est pas durable ; mais que celle qu'elle prend après avoir été préparée avec l'alun et le tartre, est meilleure, quoiqu'elle ne soit pas très solide. Beckmann prétend que le drap préparé avec le tartre ou avec le tartre et l'alun, prend une bonne couleur jaune, et qu'à poids égal, le carthame contient plus de substance colorante jaune, que le bois jaune lui-même.

Pour extraire la partie rouge du carthame et pour l'appliquer ensuite sur l'étoffe, on se sert de la propriété que les alcalis ont de la dissoudre et on la précipite par le moyen d'un acide. L'on a éprouvé que le suc de citron était l'acide qui procurait la plus belle couleur. Beckmann dit que c'est l'acide sulfurique qui, après celui du citron, produit le mieux cet effet, pourvu qu'on n'en mette que la proportion convenable ; autrement il altère et détruit la couleur. Selon Scheffer, on peut substituer au suc de citron, le suc des baies du sorbier des oiseleurs (*sorbus aucupatorius*), qu'on prépare ainsi : on écrase ces baies dans un mortier avec un pilon de bois et on exprime le jus qu'on laisse fermenter ; on le met en bouteille, et la partie claire qui est la plus acide est d'autant plus propre à ce procédé qu'elle est plus ancienne. Cette préparation exige quelques mois, et ne doit être entreprise qu'en été.

Le procédé de teinture consiste donc à extraire la partie colorante rouge par le moyen d'un alcali et à la précipiter sur l'étoffe par le moyen d'un acide. C'est cette fécule qui sert à la préparation du rouge dont les femmes font usage.

Pour ce rouge, on fait la dissolution du carthame avec des crystaux de soude ; on la précipite par le suc de citron. L'on a remarqué que les citrons qui commençaient à se corrompre étaient plus propres à cette opération que ceux dont la maturité est moins avancée et dont le suc retient beaucoup de mucilage. Après avoir exprimé le suc des citrons, on le laisse déposer pendant plusieurs jours. On fait sécher à une douce chaleur le précipité du carthame sur des assiettes de faïance ; on le détache et on le broie très-exactement avec du talc qui a été reduit en poudre très-subtile par le moyen des feuilles de presle, et qui a été passé successivement par des tamis de plus en plus fins. C'est la finesse du talc et sa proportion plus ou moins grande avec le précipité du carthame qui font la différence des rougés plus ou moins chers.

On peut teindre la laine en rouge par le moyen du carthame, ainsi que l'a éprouvé Beckmann; cependant cette teinture passe facilement à l'orangé, et la faculté qu'on a d'obtenir de la cochenille les couleurs rouges les plus belles et les plus variées et en même temps beaucoup plus solides que celles du carthame, en fait rejeter l'usage pour la laine.

On se sert du carthame pour teindre la soie en ponceau, nacarat, cerise, couleur de rose, couleur de chair. Le procédé a des différences selon l'intensité de la couleur et selon la tendance plus ou moins grande à la couleur de feu qu'on veut lui donner; mais le bain de carthame, dont on varie l'application, se prépare comme on va voir.

On met le carthame dont on a extrait la partie jaune, et dont on a divisé les mottes, dans une barque de bois de sapin; on le saupoudre à diverses reprises et par parties, de cendres gravelées ou de soude bien pulvérisées et tamisées, à raison de 3 kilogrammes pour 50 kilogram. de carthame; mais on préfère la soude: on mêle bien à mesure qu'on met l'alcali. On appèle cette opération *amestrer*: on met le carthame amestré dans une petite barque sur une grille de bois, après avoir garni l'intérieur de cette barque d'une toile serrée : lorsqu'elle est remplie à-peu-près à moitié, on la place sur la grande barque, et on jette de l'eau froide dessus jusqu'à ce que la barque inférieure soit pleine ; on transporte après cela le carthame sur une autre barque jusqu'à ce que la liqueur commence à n'avoir plus de couleur ; alors on y mêle encore un peu d'alcali, et on passe de nouvelle eau. On renouvelle ces opérations jusqu'à ce que le carthame soit épuisé et qu'il soit devenu jaune.

Après avoir distribué la soie par matteaux sur des bâtons, on met dans le bain du jus de citron, qu'on envoie de Provence en tonneaux, jusqu'à ce qu'il devienne d'une belle couleur de cerise; cela s'appèle *virer* le bain. On remue bien et l'on plonge la soie, qu'on lise pendant qu'on s'aperçoit qu'elle tire de la couleur. Pour le ponceau, on la retire, on la tord, on l'écoule à la cheville, et on la passe sur un nouveau bain où on la traite comme dans le premier ; après cela on la sèche et on la passe sur de nouveaux bains, en continuant de la laver et de la sécher entre chaque opération jusqu'à ce qu'elle ait acquis la hauteur qu'on desire. Lorsqu'elle est parvenue au degré convenable, on lui donne un avivage, en lisant sept à huit fois dans un bain d'eau chaude, auquel on a ajouté environ un demi-setier de suc de citron par chaque seau d'eau.

Lorsqu'on veut teindre la soie en ponceau ou couleur de feu, elle doit d'abord avoir été cuite comme pour le blanc ; ensuite il faut lui donner un léger pied de rocou, comme on le dira en traitant de cette substance : cette soie ne doit point être alunée.

Les nacarats et cerises foncés se font précisément comme les ponceaux, si ce n'est qu'on ne donne pas de pied de rocou et qu'on peut employer des bains qui ont servi au ponceau, ce qui achève de les épuiser. On ne fait des bains neufs pour les dernières couleurs que quand on n'a pas eu occasion de faire du ponceau.

A l'égard des cerises plus légers, des couleurs de rose de toutes nuances et des couleurs de chair, on les fait sur les seconds et derniers bains de coulage du carthame, qui sont plus faibles : on passe d'abord les nuances qui doivent être les plus foncées.

La plus légère de toutes ces nuances, qui est une couleur de chair extrêmement tendre, demande qu'on mette dans le bain un peu de savon : ce savon allège la couleur, et empêche qu'elle ne prenne trop promptement et qu'elle ne soit mal unie. On lave ensuite la soie et on lui donne un peu d'avivage sur le bain qui a servi aux couleurs plus foncées.

Tous ces bains s'emploient aussitôt qu'ils sont faits, et toujours le plus promptement qu'il est possible, parce qu'en les gardant ils perdent beaucoup de leur couleur, qui même s'anéantit entièrement au bout d'un certain temps ; on les emploie aussi toujours à froid, pour éviter que la couleur ne soit altérée. L'on a dû remarquer dans les expériences qui ont été décrites, que les alcalis purs attaquoient la couleur si délicate du carthame, et la fesaient passer au jaune ; c'est la raison pour laquelle il faut préférer les cristaux de soude aux autres alcalis : il faudrait du moins choisir ceux qui contiennent le plus d'acide carbonique, tels que le sel de tartre.

Afin de diminuer la dépense du carthame, on est dans l'usage pour les nuances foncées, de mêler au premier et au second bain à-peu-près un cinquième de bain d'orseille.

Il faut choisir, pour teindre sur crud, des soies très-blanches, et les traiter comme des soies cuites, avec cette seule différence qu'on passe ordinairement les ponceaux, les nacarats, les cerises dans les bains qui ont servi pour faire les mêmes couleurs en soie cuite, parce qu'en général la soie crue se teint plus facilement que la soie cuite.

Le ponceau ayant été préparé dans une liqueur acide, résiste à l'épreuve du vinaigre ; mais il s'altère et se détruit promptement à l'air. Scheffer dit que celui pour lequel on a fait usage de suc de sorbier, au lieu de suc de citron, résiste un peu plus long-temps.

Beckmann a fait des expériences sur l'application de la couleur rouge du carthame au coton (1). Il a macéré pendant deux heures du coton dans du sain-doux fondu ; il l'a bien lavé, et après cela il l'a teint à la manière ordinaire avec le carthame privé de la substance jaune. Ce coton a pris une couleur plus foncée que celui qui n'avait pas reçu de préparation. Le savon a réussi également, l'huile d'olive encore mieux ; ensuite Beckmann a passé du coton plusieurs fois dans l'huile, en le fesant sécher alternativement : après la dernière dessiccation, il l'a lavé et séché ; il l'a passé dans le bain jaune de carthame, auquel il a ajouté de la noix de galle et de l'alun ; enfin il l'a teint avec la solution alcaline de carthame et le suc de citron : il a obtenu par là une couleur rouge, belle et saturée. Le coton, traité sans avoir été imprégné d'huile, a pris une couleur de même espèce, mais qui était moins saturée, et qui a moins résisté à l'influence de l'air. L'auteur pense, d'après ces expériences, qu'il faudrait donner au

(1) Exper. Lina xylina tingendi flor. carth. tinct. commentationes soc. reg. gotting. vol. 3, 1780.

coton qu'on voudrait teindre avec le carthame, des préparations analogues à celles qu'il reçoit dans la teinture du rouge d'Andrinople.

Pour teindre le coton en ponceau, Wilson prescrit de mettre le carthame bien dépouillé de la partie colorante jaune, dans un vase au fond duquel est un tamis de crin, et de verser par-dessus une dissolution d'alcali, *pearl ashes*, de bien mêler et de laisser reposer le tout pendant une nuit : le lendemain matin on soutire la liqueur par un robinet qui est au fond du vase; l'on y plonge la pièce de coton qu'on veut teindre ; on l'y tourne par le moyen d'un moulinet : l'on a préparé une dissolution de tartre, on la laisse déposer, et pendant qu'elle est encore chaude, on en verse dans la dissolution de carthame jusqu'à ce que cette liqueur devienne un peu acide : l'on continue d'y faire circuler le coton jusqu'à ce qu'il ait pris la nuance qu'on desire ; alors on le lave légérement et on le fait sécher dans une étuve : il prend par ce procédé une très-belle couleur.

Si l'on veut donner au coton la couleur de l'écarlate, il faut d'abord le teindre en jaune par le procédé qui se trouve au chapitre du rocou, et, pendant qu'il est encore humide, il faut le teindre avec le carthame de la manière qu'on vient de décrire. Il prend une couleur aussi belle que celle de l'écarlate, mais elle est peu durable, et ne supporte pas le lavage à l'eau.

En Egypte, on donne au coton et même au lin une couleur très-saturée et par là même assez solide, par le moyen du carthame : on fait subir au carthame deux macérations successives, chacune de 24 heures, dans l'eau de puits qui est un peu alcaline : après cela on le mêle avec le cinquième de son poids d'une cendre qu'on achète des Arabes, et qui contient peu de carbonate de soude ; on fait passer ce mélange sous la meule d'un moulin ; on filtre à travers le mélange une médiocre quantité d'eau du Nil : on a par ce moyen un liquide très-chargé de substance colorante. On commence par teindre avec la dernière portion qui a filtré et qui est peu chargée, en y mettant un peu de suc de citron ; alors on mêle dans une chaudière la première portion du liquide avec une quantité considérable de suc de citron, et l'on teint à une chaleur de 40 à 50 degrés du thermomètre de Réaumur : on finit par passer l'étoffe dans une eau acidule, et on la sèche (1).

(1) Mém. sur l'Egypte.

CHAPITRE X.

Du bois de Brésil.

Ce bois, qui est d'un grand usage en teinture, tire son nom de la partie de l'Amérique d'où il nous a premièrement été apporté ; on lui donne aussi le nom de fernambouc, de bois de Sainte-Marthe, du Japon, de Sapan, suivant les endroits qui l'ont produit. A présent on le cultive dans l'Isle-de-France, où il est naturalisé ; celui des Antilles se nomme *brésillet :* c'est l'espèce la moins estimée.

Linneus désigne l'arbre qui fournit le bois de Brésil par le nom de *cæsalpinia crista;* celui du Japon ou le bois de Sapan, qu'on distingue en gros et en petit bois de Sapan, par celui de *cæsalpinia Sappan;* enfin il nomme le *brésillet, cæsalpinia vesicaria.*

Cet arbre croît ordinairement dans les lieux secs et au milieu des rochers ; son tronc est très-grand, tortueux et rempli de nœuds. Les fleurs du bois de Sapan et du brésillet ont dix étamines, et celles du véritable bois de Brésil n'en ont que cinq. C'est celui qui vient de Fernambouc qui est le plus estimé.

Le bois de Brésil est très-dur, susceptible d'un beau poli ; il va au fond de l'eau : il est pâle lorsqu'on le divise, mais il devient rouge par l'exposition à l'air ; il a différentes teintes de rouge et d'orangé : sa beauté se reconnaît surtout à sa pesanteur ; lorsqu'on le mâche, on lui trouve une saveur sucrée. On peut le distinguer du santal rouge, parce que celui-ci ne donne pas sa couleur à l'eau.

L'eau bouillante enlève au brésil la partie colorante et l'en dépouille totalement ; si on continue l'ébullition assez long-temps, elle prend une belle couleur rouge. Le résidu paraît noir ; alors un alcali peut en extraire encore beaucoup de substance colorante. La dissolution par l'alcool ou par l'ammoniaque est plus foncée que la précédente. On peut donner, selon Dufay, avec l'alcool de bois de Brésil, aux marbres chauds, une couleur rouge qui passe au violet. Si on augmente la chaleur en couvrant de cire les marbres teints, la couleur parcourt toutes les nuances du brun, et se fixe à celle de chocolat.

La décoction récente de brésil donne avec l'acide sulfurique un précipité peu abondant d'un rouge tirant au fauve ; la liqueur reste transparente et de couleur jaune. L'acide nitrique fait d'abord passer la teinture au jaune ; mais si on en ajoute davantage, la liqueur prend une couleur jaune orangée foncée, et devient transparente, après avoir déposé un précipité à-peu-près semblable en couleur au précédent et plus abondant. L'acide muriatique se comporte comme le sulfurique. L'acide oxalique donne un précipité d'un rouge orangé presque roux, à-peu-près aussi abondant que celui de l'acide nitrique; la liqueur reste transparente et de la même couleur que les précédentes. Le vinaigre distillé donne très-peu de précipité de la même couleur; la liqueur reste transparente, un peu plus orangée. Le tartre fournit encore moins de précipité; la liqueur reste trouble et plus rougeâtre que la dernière. L'alcali fixe amène la décoction au cramoisi ou violet foncé tirant au brun, et donne un précipité à peine sensible, de la même couleur. L'ammoniaque donne un violet ou pourpre plus clair et un petit précipité d'un beau pourpre. L'alun occasionne un précipité rouge tirant au cramoisi, abondant et lent à se déposer; la liqueur qui le surnage conserve une belle couleur rouge semblable à celle de la décoction récente: cette liqueur donne encore un précipité abondant si l'on sature l'acide de l'alun par le moyen de l'alcali. C'est ainsi qu'on prépare une espèce de carmin inférieur au carmin ordinaire et une laque liquide pour la miniature. L'alun avec le tartre forme un précipité rouge-brunâtre peu abondant; la liqueur reste très-claire d'un rouge orangé. Le sulfate de fer fait prendre à la teinture une couleur noire tirant au violet ; le précipité est abondant et de la même couleur, ainsi que la liqueur qui le surnage. Le sulfate de cuivre donne également beaucoup de précipité plus obscur ; la liqueur reste transparente et d'un roux rembruni. Le sulfate de zinc donne un précipité brun peu abondant ; la liqueur transparente qui le surnage est de couleur de bière blanche. La dissolution d'acétate de plomb occasionne un précipité abondant d'un assez beau rouge foncé ; la liqueur transparente est d'un rouge orangé. La dissolution d'étain par l'acide nitro-muriatique donne un précipité très-abondant et d'une belle couleur rose ; la liqueur reste transparente et totalement décolorée. Enfin avec le muriate mercuriel corrosif on obtient un léger précipité brun ; la liqueur reste transparente et d'un beau jaune.

On trouve dans le journal de physique (1) des expériences curieuses sur l'action que les acides exercent sur la couleur du brésil : si, après l'avoir fait passer au jaune par le moyen du tartre et de l'acide acétique, on y verse de la dissolution nitro-muriatique d'étain, il se forme aussitôt un précipité rose très-abondant ; si l'on ajoute à la dissolution amenée au jaune par un acide, une

(1) Février 1783.

plus grande quantité de cet acide ou d'un acide plus puissant, l'on rétablit la couleur rouge; l'acide sulfurique est le plus propre à produire cet effet. Quelques sels font aussi reparaître la couleur rouge du brésil qui a disparu par l'action des acides.

On a observé que la décoction du bois de Brésil, qu'on appelle *suc* ou *jus* de brésil, était moins propre à la teinture lorsqu'elle était récente que lorsqu'elle était vieille et même fermentée; elle prend en vieillissant une couleur rouge jaunâtre : pour faire cette décoction, Hellot recommande de se servir de l'eau la plus dure; mais il faut remarquer que cette eau fonce sa couleur en raison des sels terreux qu'elle contient. Après avoir fait bouillir ce bois réduit en copeaux, ou, ce qui est préférable, en poudre, pendant trois heures, on verse cette première eau dans une tonne; on remet de nouvelle eau sur le brésil, on l'y fait bouillir encore trois heures, puis on la mêle à la première. Lorsqu'on emploie le bois de Brésil dans un bain de teinture, il convient de l'enfermer dans un sac de toile claire, ainsi que tous les bois colorants.

La laine plongée dans le jus de brésil n'y prendrait qu'une teinte faible qui se détruirait promptement; il faut lui donner des préparations.

On fait bouillir la laine dans une dissolution d'alun à laquelle on ajoute seulement le quart ou même moins de tartre ; une plus grande proportion de tartre rendrait la couleur plus jaune : on tient la laine imprégnée, au moins huit jours dans un lieu frais ; après cela on la teint dans le jus de brésil, en le fesant bouillir légérement ; mais les premières parties colorantes qui se déposent donnent une couleur moins belle ; de sorte qu'il convient de faire passer d'abord dans le bain une étoffe grossière. L'on obtient de cette manière un rouge vif qui résiste assez bien à l'air.

Si l'on a détruit par le moyen d'un acide quelconque la couleur rouge du jus de brésil, il peut donner aux étoffes de laine une couleur ventre de biche plus ou moins foncée, qui est très-solide à l'air.

Poerner prépare le drap avec un bouillon composé de dissolution d'étain, d'alun et d'un peu de tartre, et il fait son bain avec du fernambouc et une proportion considérable d'alun. Il teint dans le résidu de ce bain une seconde pièce qui a reçu une préparation semblable. La première pièce prend une belle couleur de brique, et la seconde une couleur qui approche de celle de l'écarlate (1). On peut varier beaucoup les nuances en changeant les proportions des ingrédients.

(1) Instruction sur l'art de la teinture.

On peut, par ces moyens, donner assez de solidité aux couleurs tirées du brésil ; cependant elles ne peuvent être comparées sous ce rapport à celles qu'on obtient par la cochenille ou la garance. On donne quelquefois de l'éclat à la couleur qu'on tire de cette dernière substance, en passant le drap qui est teint dans le jus de brésil ; mais cet éclat disparaît bientôt.

Guhliche donne un procédé par lequel il prétend qu'on obtient des couleurs plus belles et plus solides que par ceux dont on fait usage. Il prescrit de verser sur le fernambouc, réduit en poudre ou en copeaux minces, du vinaigre pur ou de l'acide acéto-citrique (1), ou de l'acide nitro-

(1) Nous appelons acide *acéto-citrique* une liqueur acide dont Guhliche fait un grand usage dans la teinture sous le nom d'esprit acide végétal, et qu'il prépare de la manière suivante :

Il prend des citrons, ceux même dont l'écorce est pourrie peuvent servir à cet usage ; il en sépare l'écorce et la peau qui y adhère ; il les coupe par tranches dans un vaisseau qui ne doit pas être de bois ; il les arrose avec une quantité de bon vinaigre qu'il juge approcher de celle du suc acide des citrons ; il exprime ce mélange à une presse dans une flanelle ; il filtre le suc exprimé par un papier. Dans cet état cette liqueur peut être employée avec succès, mais elle a l'inconvénient de se moisir, et l'acide en est aqueux : il conseille, pour pouvoir la conserver pour son usage et l'employer dans un état plus concentré, de manière qu'elle ne délaie pas les bains où on la fait entrer, de la purifier et de

muriatique jusqu'à ce qu'il en soit recouvert et que la liqueur le surnage même à une certaine hauteur, d'agiter bien le mélange, de le laisser reposer vingt-quatre heures, de décanter après cela la liqueur, de la filtrer et de la conserver pour l'usage. On verse sur le résidu un acide végétal ou de l'eau simple; on laisse reposer un ou deux jours, on filtre et l'on continue jusqu'à ce que l'extraction de la substance colorante soit achevée; alors le bois est noir: on mêle toutes les liqueurs.

L'étoffe a été préparée par un faible engallage au moyen du sumac ou de la noix de galle blanche: après cela on lui a donné un faible alunage; on la rince seulement et on la met toute humide dans le bain que l'on prépare ainsi.

On prend de la dissolution acide de fernambouc, on l'étend d'une certaine quantité d'eau relative à la quantité d'étoffe et à la force de la couleur qu'on veut lui donner; on l'échauffe à y tenir la main; on y verse de la dissolution d'étain jusqu'à ce qu'elle ait pris une couleur de

la concentrer ainsi. On laisse la liqueur exposée au soleil jusqu'à ce qu'elle se soit éclaircie et que le dépôt se soit formé; on la filtre, on la distille sur un bain de sable; on change de récipient lorsque les gouttes deviennent acides, et on continue la distillation jusqu'à ce qu'on aperçoive des stries huileuses au col de la cornue. C'est l'acide que l'on trouve dans le récipient que l'on conserve.

feu ; on l'agite et on y plonge l'étoffe que l'on y tient une demi-heure, on la retire et on la lave. Le bain qui reste peut servir à des nuances moins foncées. L'étoffe ne doit pas être engallée pour les nuances claires.

On fait usage du bois de Brésil pour teindre la soie en cramoisi, que l'on nomme *faux*, pour le distinguer du cramoisi, que l'on fait par le moyen de la cochenille et qui est beaucoup plus solide.

La soie doit être cuite à raison de vingt parties de savon sur cent, et ensuite alunée. L'alunage n'a pas besoin d'être aussi fort que pour le cramoisi fin. On rafraîchit la soie à la rivière, et on la passe dans un bain plus ou moins chargé de jus de brésil, selon la nuance qu'on veut lui donner. Lorsqu'on s'est servi d'eau dépourvue de sels terreux, la couleur est trop rouge pour imiter le cramoisi ; on lui donne cette qualité, ou en passant la soie dans une légère dissolution alcaline, ou en ajoutant un peu d'alcali dans le bain : on pourrait aussi la laver dans une eau dure jusqu'à ce qu'elle eût pris la nuance qu'on desire.

Pour faire les cramoisis plus foncés, mais faux, ou rouges-bruns, on met dans le bain de brésil, après que la soie s'en est imprégnée, du jus de bois de campêche ; on y ajoute même un peu d'alcali, selon la nuance qu'on veut obtenir.

Pour imiter le ponceau ou la couleur de feu, on donne à la soie un pied de rocou, même plus foncé que lorsqu'on doit teindre avec le carthame; on la lave, on l'alune et on la teint avec le jus de brésil auquel on ajoute ordinairement un peu d'eau de savon.

La dissolution d'étain ne peut être employée avec le jus de bois de Brésil pour la teinture de la soie de même qu'avec la cochenille, et la raison en est la même; les molécules colorantes se séparent trop promptement pour pouvoir se fixer sur la soie, qui n'a pas pour elles une attraction aussi efficace que la laine : mais, comme le remarque Bergman dans ses notes sur l'ouvrage de Scheffer (1), l'on peut, en fesant macérer la soie dans une dissolution froide d'étain, améliorer beaucoup la couleur des bois de teinture. Une forte décoction de bois de Brésil donne, dit-il, à la soie jaune une couleur d'écarlate, inférieure à la vérité à celle de la cochenille, mais plus belle et plus solide que par la seule macération dans l'alun, et elle peut résister à l'épreuve du vinaigre comme le cramoisi et le ponceau fin. Au lieu d'employer la soie crue, il faudrait donner un pied jaune à la soie cuite, ou mêler une substance jaune au jus de brésil. Plusieurs artistes se sont occupés de ce procédé

(1) Essai sur l'art de la teinture.

dans ces derniers temps, et ont produit des effets très-variés en l'appliquant à différentes substances colorantes, qui, par elles-mêmes, ne donnent que des couleurs peu solides, soit en les employant seules, soit en formant différents mélanges.

Poerner a fait un grand nombre d'essais sur les moyens que l'on peut employer pour teindre le coton par le moyen du bois de Brésil en employant différents mordants, tels que l'alun, la dissolution d'étain, le sel ammoniac, la potasse, etc. dans le bain ou dans la préparation de l'étoffe; mais il n'a pu obtenir des couleurs qui résistassent à l'action du savon, quoique quelques-unes pussent assez bien résister à l'action de l'air et au lavage de l'eau. Il recommande de faire sécher à l'ombre les cotons qui ont reçu ces couleurs (1).

Nous devons à Brown, qui s'occupe des arts avec beaucoup de zèle, le procédé suivant, dont on fait usage dans quelques manufactures pour le cramoisi sur coton.

On prépare une dissolution d'étain dans ces proportions : acide nitrique, quatre parties; acide muriatique, deux parties; étain, une partie; eau, deux parties. On mêle les liqueurs et

(1) Versuche und bemerkungen zum nutzen der farbekunst weiter theil.

l'on y dissout l'étain en l'y jetant peu-à-peu.

Pour une pièce de velours de coton pesant 7 à huit kilogrammes, on commence par préparer un bain composé de quatre parties d'eau bouillante et de deux parties d'une forte décoction de noix de galle ; on pallie le bain, on y abat la pièce, on l'y travaille pendant une demi-heure, et on l'y laisse séjourner deux heures ; au bout de ce temps on la retire et on la laisse égoutter. On prépare un autre bain avec trois seaux d'eau bouillante et un seau de décoction de bois de Fernambouc aussi bouillante ; on la pallie et on y travaille la pièce pendant une heure ; on jette ce bain et on lave le baquet pour le remplir d'une décoction de bois pure et bouillante ; on y travaille la pièce une demi-heure et on la lève sur un moulinet ; on prépare un bain d'eau de rivière très-claire, dans laquelle on verse un litre de dissolution d'étain : quand le bain est pallié, on y travaille la pièce pendant un quart-d'heure ; on la lève sur le moulinet, on la reporte au-dessus du baquet où est le bain de décoction de bois de Fernambouc, dont on retire un sixième que l'on remplace par une quantité égale de décoction bouillante ; on pallie et on travaille la pièce dans ce bain pendant une demi-heure ; on la lève sur le moulinet, et on la reporte dans le baquet où est la dissolution d'étain. On opère ai nsi alternativement six à huit fois, en observant de retirer à chaque fois un sixième du bain de bois de Fernambouc, et de le remplacer par une quantité égale de décoction bouillante du même bois, de pallier à chaque fois le bain de la composition, et de finir la teinture par son séjour dans le dernier bain. On lave la pièce à grande eau, et on a soin de la faire sécher dans un endroit inaccessible à la lumière.

On se sert d'un procédé analogue pour faire des mordorés : après avoir engallé le coton, on l'alune, on le garance avec une dessiccation intermédiaire ; on le passe ensuite au fernambouc et à la dissolution d'étain. Quelques-uns substituent le muriate d'étain à cette dissolution.

Pour se diriger dans la recherche des moyens propres à procurer plus de solidité aux couleurs belles et variées que l'on obtient à peu de frais du bois de Brésil, il faut se rappeler quelques-unes de ses propriétés.

Les parties colorantes du bois de Brésil sont facilement affectées et rendues jaunes par l'action des acides ; alors elles deviennent des couleurs solides : mais ce qui les distingue de la garance et du kermès, et ce qui les rapproche de la cochenille, c'est qu'elles reparaissent sous leur couleur naturelle lorsqu'on les précipite dans l'état de combinaison avec l'alumine ou avec l'oxide d'étain. Ces deux combinaisons paraissent les plus propres à les rendre durables. Il faut donc chercher les circonstances les plus propres à favoriser la formation de ces combinaisons selon la nature de l'étoffe.

Le principe astringent paraît aussi contribuer à la solidité des parties colorantes du bois de Brésil; mais il fonce leur couleur, et il ne peut être employé pour les nuances claires.

Les parties colorantes du brésil sont très-sensibles à l'action des alcalis, qui leur donnent une nuance pourpre; et l'on trouve plusieurs procédés dans lesquels on fait usage des alcalis, soit fixes, soit volatils, pour former des violets et des pourpres; mais les couleurs qu'on obtient par ces moyens faciles à varier selon le but, sont périssables et n'ont qu'un éclat passager. Les alcalis ne paraissent pas nuire aux couleurs tirées de la garance, mais ils accélèrent la destruction de la plupart des autres couleurs.

En Angleterre et en Hollande, on réduit en poudre les bois de teinture par le moyen de moulins destinés à cet usage : il paraît, par ce qu'en rapporte Wilson, qu'on les conserve humectés d'urine, ou que, si l'on ne s'est pas servi d'urine, on ajoute un peu d'alcali lorsqu'on les fait bouillir.

L'usage de réduire ces bois en poudre est avantageux et devrait être adopté. On trouve dans le journal des Arts et Manufactures, tom. Ier, la description des moulins qu'on emploie en Hollande, et des opérations auxquelles on soumet les bois de couleur : lorsque l'on emploie les bois, sur-tout lorsqu'ils sont réduits en poudre, il convient de les renfermer dans un sac pour les mettre dans les bains de teinture ; l'urine putréfiée et l'alcali, en favorisant l'extraction des parties colorantes, en augmentant le ton de leur couleur, peuvent souvent être contraires à l'effet qu'on en veut obtenir, et doivent accélérer leur destruction.

CHAPITRE XI.

Du bois d'Inde.

Le bois d'Inde, de campêche, de la Jamaïque a reçu ces différents noms des endroits où il croît le plus abondamment ; il est très-commun à la Jamaïque et sur la côte orientale de la baie de Campêche ; on le trouve aussi à Sainte-Croix, à la Martinique et à la Grenade.

Linneus le nomme *hæmatoxylum campechianum*. C'est un arbre qui s'élève très-haut et devient très-gros dans les bons terrains ; son écorce est mince, unie, d'un gris brillant et quelquefois jaunâtre ; sa tige est droite, garnie d'épines ;

ses feuilles ont quelque ressemblance avec celles du laurier, dont elles se rapprochent encore par leur qualité aromatique, ce qui lui a fait donner le nom de *laurier aromatique* ou *laurier d'Inde*; on donne improprement à ses semences le nom de *graine de girofle*, parce qu'elles en ont la saveur : les Anglais les nomment *poivre de la Jamaïque* ou *graine des quatre épices*.

Le bois d'Inde est pesant, il s'enfonce dans l'eau; il est dur, compacte, d'un grain fin, susceptible de poli et presqu'incorruptible; sa couleur dominante est le rouge avec des teintes d'orangé, de jaune et de noir.

Pour l'employer, on en tire ordinairement le *jus* comme du bois de Brésil : il donne sa couleur aux menstrues aqueux et spiritueux. L'alcool l'extrait plus facilement et plus abondamment que l'eau. La couleur de ses teintures est d'un beau rouge tirant un peu au violet ou au pourpre, ce qui s'observe principalement dans sa décoction à l'eau : celle-ci, abandonnée à elle-même, devient par la suite jaunâtre et finit par être noire; les acides la font passer au jaune et les alcalis foncent sa couleur et l'amènent au pourpre ou violet; les acides sulfurique, nitrique ou muriatique, y occasionnent un petit précipité, qui est assez long-temps à se séparer, qui est rouge-brun avec le sulfurique, feuille morte avec le nitrique, et rouge plus clair avec le muriatique ; la liqueur qui surnage est transparente, d'un rouge foncé avec les acides sulfurique et muriatique, et jaunâtre avec l'acide nitrique. L'acide oxalique forme un précipité marron clair ; la liqueur reste transparente, d'un rouge-jaunâtre. L'acide acétique se comporte à-peu-prés de même, si ce n'est que la couleur du précipité est un peu plus foncée. Le tartre donne un précipité comme le vinaigre, mais la liqueur reste trouble et tire plus au jaune ; l'alcali fixe ne forme point de précipité, mais fait passer la dissolution au violet foncé, qui par la suite devient presque brun. L'alun occasionne un précipité assez abondant, d'un violet clair ; la liqueur reste violette et presque transparente. L'alun et le tartre y occasionnent un précipité rouge-brun assez abondant ; la liqueur reste transparente, d'un rouge-jaunâtre. Le sulfate de fer lui donne sur-le-champ une couleur noire-bleuâtre comme celle de l'encre ; il s'y forme un précipité de même couleur : la liqueur reste long-temps trouble ; mais si elle est assez étendue, et sur-tout s'il y a un petit excès de sulfate, toute la partie noire finit par se déposer. Le sulfate de cuivre produit un précipité très-abondant, d'un noir plus brun et moins éclatant que le précédent ; la liqueur reste transparente, d'un rouge jaunâtre ou brunâtre très-foncé. L'acétate de plomb y occasionne sur-le-champ un précipité noir avec une faible teinte rougeâtre ; la liqueur reste transparente, d'une couleur de bière blanche et très-claire. Enfin l'étain, dissous par l'acide nitro-muriatique, y forme à l'instant un précipité d'un fort beau violet ou pourpre presque prune de monsieur ; la liqueur qui surnage est très-claire et totalement décolorée.

Les étoffes ne prendraient dans la décoction de bois d'Inde qu'une couleur faible et fugitive, si on ne les préparait auparavant avec l'alun et le tartre : on ajoute aussi un peu d'alun dans le bain ; elles prennent par ce moyen un assez beau violet.

On peut obtenir une couleur bleue par le moyen du bois d'Inde, en mêlant du vert-de-gris dans le bain et y passant le drap jusqu'à ce qu'il ait pris la nuance qu'on desire.

Ces usages du bois de campêche lui ont fait donner les noms de bois violet et de bois bleu. On s'étendra davantage sur ces couleurs en traitant des couleurs composées.

Le grand emploi du bois d'Inde est pour les noirs, auxquels il donne du lustre et du velouté, et pour les gris auxquels on veut donner certaines nuances. On en fait aussi un usage très-étendu pour différentes couleurs composées, qu'il serait difficile d'obtenir aussi belles et aussi variées par des ingrédients dont la teinture serait plus solide.

On mêle souvent le jus du campêche au jus de brésil, pour rendre les couleurs plus foncées, selon les proportions dans lesquelles on fait ce mélange.

On se sert du bois d'Inde pour teindre la soie en violet; pour cela il faut qu'elle soit cuite, alunée et lavée, parce que sans alunage elle ne ferait que prendre une teinte rougeâtre qui s'en irait à l'eau. Cette teinture doit s'exécuter en lisant les soies à froid dans la décoction du bois d'Inde jusqu'à ce qu'elles aient acquis la couleur qu'elles doivent avoir, parce qu'à chaud l'on n'obtient qu'une couleur vergetée et mal unie.

Bergman a déjà remarqué que l'on pouvait former un violet plus beau et plus solide par le moyen du bois d'Inde, en imprégnant la soie de dissolution d'étain, comme on l'a dit dans le chapitre précédent : on obtient effectivement par-là, sur-tout en mêlant le campêche au brésil en différentes proportions, un grand nombre de belles nuances tirant plus ou moins sur le rouge depuis le lilas jusqu'au violet.

Si l'on emploie la décoction de bois d'Inde au lieu de celle du brésil dans le procédé communiqué par Brown, on obtient une belle couleur violette, et si l'on mêle ensemble les deux décoctions, on aura des nuances de puce, prune de monsieur, qui tireront plus ou moins sur le rouge.

Les observations que l'on a données sur le bois de Brésil, s'appliquent au bois d'Inde, dont les parties colorantes présentent des propriétés analogues. Nous ajouterons que pour déterminer les différences qui peuvent résulter de l'état d'oxidation de l'étain, lorsque l'on fait usage de ses dissolutions, nous avons précipité une décoction de fernambouc et une décoction de campêche avec le muriate d'étain peu oxidé et avec celui qui est très-oxidé. Les laques précipitées avec le premier ont eu d'abord moins d'éclat ; mais par l'exposition à l'air, elles ont bientôt acquis le même ton que celle qui était due à un sel très-oxidé. Nous avons pareillement imprégné de la soie de dissolution des mêmes sels, puis nous l'avons teinte avec du fernambouc et avec du campêche, et l'avantage de la couleur a été pour les échantillons qui avaient reçu le sel le moins oxidé.

Lorsque dans un procédé on a employé du campêche sans dissolution d'étain, il peut être reconnu par la couleur rouge que l'étoffe teinte reçoit d'un acide.

SECTION IV.

DU JAUNE.

CHAPITRE PREMIER.

De la gaude.

LA gaude ou vaude (*reseda luteola*, Linn.) est une plante qui est fort commune aux environs de Paris, dans la plupart de nos départemens et dans une grande partie du reste de l'Europe.

Cette plante pousse des feuilles longues, étroites, d'un vert gai; du milieu de ses feuilles la tige s'élève d'environ un mètre; elle est souvent rameuse, garnie de feuilles étroites comme celles d'en bas, et moins longues à mesure qu'elles approchent des fleurs qui sont disposées en épis longs. Toute la plante, excepté la racine, sert à teindre en jaune.

On distingue deux sortes de gaude, la gaude bâtarde ou sauvage, qui croît naturellement dans les campagnes, et la gaude cultivée, qui pousse des tiges moins hautes et moins grosses. Cette dernière est préférée pour la teinture ; elle est beaucoup plus abondante en parties colorantes : elle est d'autant plus estimée, que les tiges en sont plus fines.

Lorsque la gaude est mûre, on l'arrache, on la laisse sécher, et on la met en bottes : c'est ainsi qu'elle est employée.

Lorsque la décoction de gaude est bien chargée, elle a une couleur jaune tirant sur le brun ; si on l'étend de beaucoup d'eau, son jaune, plus ou moins clair, tire un peu sur le vert.

Si on ajoute à cette décoction un peu d'alcali, sa couleur se fonce, et il se fait, après un certain temps, un petit précipité cendré qui n'est pas soluble par les alcalis.

En général les acides rendent sa couleur plus pâle, et y occasionnent un petit précipité que les alcalis peuvent dissoudre en prenant une couleur jaune tirant sur le brun.

L'alun y forme un précipité jaunâtre; la liqueur qui surnage retient une belle couleur citron. Si l'on verse une solution d'alcali sur cette liqueur, il se fait un précipité d'un jaune blanchâtre, soluble dans les alcalis, mais la liqueur reste toujours colorée.

La dissolution de muriate de soude et celle de muriate d'ammoniaque troublent la liqueur, en rendent d'abord la couleur un peu plus foncée ; peu-à-peu il se forme un précipité d'un jaune foncé, et la liqueur qui surnage conserve une couleur jaune pâle tirant un peu sur le vert.

La dissolution d'étain produit un précipité abondant d'un jaune clair; la liqueur reste longtemps trouble, mais peu colorée.

Le sulfate de fer produit un précipité abondant d'un gris-noir; la liqueur qui surnage retient une couleur brunâtre.

Le sulfate de cuivre forme un précipité vert-brunâtre; la liqueur qui surnage conserve une couleur verte pâle.

La couleur jaune que la gaude communique à la laine a peu de solidité si la laine n'a été préparée auparavant par quelques mordants. C'est de l'alun et du tartre qu'on se sert, et par ce moyen cette plante donne le jaune le plus pur, et cette couleur a l'avantage d'être solide.

Pour le bouillon qui s'exécute de la manière ordinaire, Hellot prescrit quatre parties d'alun pour seize de laine et seulement une de tartre; cependant plusieurs teinturiers emploient la moitié autant de tartre que d'alun : le tartre rend la couleur plus claire, mais plus vive.

Pour le gaudage, c'est-à-dire, pour teindre avec la gaude, on fait bouillir dans un bain frais cette plante enfermée dans un sac de toile claire, qu'on charge d'une croix de bois pesant, pour qu'il ne s'élève pas au haut du bain; quelques teinturiers la font bouillir jusqu'à ce qu'elle se précipite au fond de la chaudière, après quoi ils abattent dessus une champagne; d'autres enfin la retirent avec un rateau lorsqu'elle est cuite, et ils la jettent.

Hellot prescrit cinq à six parties de gaude pour chaque partie de drap; mais on emploie rarement une quantité aussi considérable, et l'on se contente de trois ou quatre parties, ou même de beaucoup moins : il est vrai que plusieurs teinturiers ajoutent à la gaude un peu de chaux vive et de cendre, qui favorisent l'extraction des parties colorantes et qui rehaussent leur couleur, mais qui en même temps la rendent sujette à changer par l'action des acides : au reste, la quantité de gaude doit être proportionnée à la nuance plus ou moins foncée que l'on veut obtenir.

On peut teindre à la suite des premières mises pour obtenir des nuances de plus en plus faibles, en ajoutant de l'eau à chaque mise et en tenant le bain bouillant; mais les nuances claires que l'on obtient par ce moyen n'ont pas autant de vivacité que lorsqu'on s'est servi des bains frais, en proportionnant la quantité de gaude à la nuance que l'on veut obtenir.

Si l'on ajoute du muriate de soude dans le bain de gaude, sa couleur en devient plus saturée et plus foncée; le sulfate de chaux ou gypse la rend aussi plus foncée; mais l'alun la rend plus claire et plus vive, le tartre plus pâle. Le sulfate de fer ou vitriol la fait tirer au brun. On peut modifier les nuances qu'on obtient de la gaude par de semblables additions, par les proportions de gaude, par la durée de l'opération et par les mordants que l'on a employés pour la préparation de l'étoffe. Ainsi Scheffer dit qu'en fesant bouillir la laine pendant deux heures avec un quart de dissolution d'étain et un quart de tartre, en la lavant et en la fesant bouillir 15 minutes avec une égale quantité de gaude, elle prend une belle couleur, mais qui ne pénètre pas dans l'intérieur. Poerner prescrit aussi de préparer le drap comme pour la teinture en écarlate : par ce moyen on donne plus d'éclat et de solidité à la couleur, qui, toutes choses égales, est aussi plus claire.

On peut encore modifier la couleur, en passant le drap, au sortir de la teinture, dans un autre bain ; ainsi, pour faire un jaune doré, on passe le drap qui sort du gaudage dans un bain léger de garance ; et pour lui donner une couleur tannée, on le passe dans un bain que l'on a fait avec un peu de suie. On parlera de ces moyens en traitant des brunitures.

Pour teindre la soie en jaune franc, l'on n'emploie pas ordinairement d'autre ingrédient que la gaude : la soie doit être cuite à raison de vingt parties de savon sur cent, ensuite alunée et rafraîchie, c'est-à-dire, lavée après l'alunage.

On fait un bain avec deux parties de gaude pour la quantité de soie, et après un bon quart-d'heure d'ébullition, on le filtre à travers un tamis ou une toile dans une barque : lorsque ce bain est assez refroidi pour pouvoir y tenir la main, on y plonge la soie et on la lise jusqu'à ce qu'elle soit unie; pendant cette opération on fait bouillir la gaude une seconde fois dans de nouvelle eau; on rejette environ la moitié du premier bain, et on la remplace par le second bouillon. Ce nouveau bain peut être employé un peu plus chaud que le premier; cependant il faut éviter une trop grande chaleur, par laquelle une partie de la couleur qui s'est déjà fixée se dissoudrait : on lise comme la première fois, et pendant ce temps-là on fait dissoudre de la cendre gravelée dans une partie du second bouillon; on retire la soie du bain pour y ajouter plus ou moins de cette dissolution, suivant la nuance que l'on desire. Après quelques lises, on tord un matteau sur la cheville, pour voir si la couleur est assez pleine et assez dorée. Si elle ne l'est pas assez, on ajoute encore un peu de lessive alcaline, dont la propriété est de foncer la couleur et de lui donner une nuance dorée. L'on continue de procéder comme auparavant jusqu'à ce que la soie soit parvenue à la nuance qu'on veut lui donner; on peut aussi ajouter la lessive alcaline dans le temps qu'on ajoute le second bouillon de gaude, ayant toujours l'attention que le bain ne soit pas trop chaud.

Si l'on veut faire des jaunes plus dorés et tirant sur le jonquille, il faut, en même temps que l'on met la cendre dans le bain, y ajouter du rocou à proportion de la nuance que l'on veut avoir.

Pour les nuances claires de jaune, comme citron pâle ou couleur de serin, la soie doit être cuite comme pour le bleu, parce que ces nuances sont d'autant plus belles et plus transparentes, qu'elles sont mises sur un fond plus blanc : on proportionne la force du bain à la nuance que l'on veut obtenir ; et si l'on veut que le jaune ait un œil tirant sur le vert, on y ajoute plus ou moins du bain de la cuve, si la soie a été cuite sans azur. Pour éviter que ces nuances ne soient trop foncées, on peut donner à la soie un alunage plus léger que celui dont on se sert ordinairement.

Scheffer prescrit de macérer la soie pendant vingt-quatre heures dans une dissolution d'étain préparée avec quatre parties d'acide nitrique, une de muriate de soude et une d'étain, et saturée par le tartre; de la laver et de la faire bouillir une demi-heure avec une égale portion de fleurs de gaude. Il dit qu'on obtient par-là une belle couleur de paille, qui a l'avantage de bien résister aux acides. En suivant ce procédé, il doit ne rester que très-peu d'étain en dissolution, parce que l'acide tartareux le précipite. On peut appliquer ici à l'usage de la dissolution d'étain les observations que nous avons faites précédemment.

Pour teindre le coton en jaune, on commence par le décreuser dans un bain préparé avec une lessive de cendre de bois neuf, ensuite on le lave et on le fait sécher ; on l'alune avec le quart de son poids d'alun : après vingt-quatre heures on le tire de cet alunage et on le fait sécher sans le laver. On prépare ensuite un bain de gaude à raison d'une partie et quart de gaude par partie de coton ; on y teint le coton en le lisant et le maniant jusqu'à ce qu'il ait acquis la nuance que l'on desire ; on le retire de ce bain pour le frire macérer pendant une heure et demie dans une dissolution de sulfate de cuivre ou vitriol bleu, dans la proportion d'un quart de ce sel contre le poids du coton ; on le jette ensuite, sans le laver, dans une dissolution bouillante de savon blanc, faite dans les mêmes proportions : après l'avoir bien agité, on l'y fait bouillir pendant près d'une heure, après quoi il faut bien le laver et le faire sécher.

Si l'on veut un jaune plus foncé qui tire sur la couleur de jonquille, on ne passe point le coton à l'alunage, mais on emploie deux parties et demie de gaude pour la quantité de coton, et l'on y ajoute un peu de vert-de-gris délayé dans une portion du bain; on y plonge le coton et on l'y travaille jusqu'à ce qu'il ait pris une couleur unie ; on le relève de dessus le bain pour y verser un peu de lessive de soude ; on le replonge et on le passe sur ce bain pendant un bon quart-d'heure ; on le retire, on le tord et on le fait sécher.

On fait le jaune citron par le même procédé, excepté qu'on n'emploie qu'une partie de gaude, et qu'on peut diminuer à proportion la quantité du vert-de-gris ou même le retrancher entièrement en y substituant l'alunage. On peut varier ainsi de plusieurs manières les nuances du jaune. Les opérations sur le fil de lin sont les mêmes.

Pour les couleurs jaunes qu'on imprime sur les toiles de coton, on imprégne ces toiles par le moyen des planches gravées, du mordant qu'on a décrit en traitant de la garance, et que l'on forme par le mélange de l'acétate de plomb et de l'alun ; ensuite on détruit par l'action du son et par l'exposition sur le pré, la couleur jaune qui s'est fixée sur les parties qui n'ont pas été imprégnées d'acétate d'alumine. On peut employer avec succés le même mordant pour le coton et le lin qu'on veut teindre en jaune.

Pour obtenir de la gaude toute la couleur qu'elle peut fournir, il faut qu'elle ait bouilli trois quarts-d'heure ; on retire du bain les bottes de gaude, après quoi on y passe les toiles à une température un peu inférieure à celle de l'ébullition : elles ne doivent y rester qu'environ vingt minutes.

Lorsqu'on doit avoir sur la même toile des couleurs produites par la garance et par la gaude, il faut commencer par le garançage et n'imprimer le mordant destiné à la gaude, que lorsque les opérations de la garance sont terminées : ce qui est fondé sur la propriété que la garance possède de se fixer à la place du jaune de la gaude ; en sorte que si l'on prolonge le garançage après avoir teint avec la gaude, la couleur de celle-ci disparaît entièrement. La gaude, au contraire, n'altère pas la couleur produite par la garance, pourvu que le mordant ait été saturé de la dernière ; car, sans cette condition, il se produirait une couleur mixte.

Les opérations nécessaires pour rétablir le blanc sont beaucoup moins longues, et demandent beaucoup plus de ménagement après le gaudage qu'après le garançage.

CHAPITRE II.

Du bois jaune.

Ce bois vient d'un grand arbre (*morus tinctoria*) qui croît dans les Antilles et principalement à Tabago. Il est de couleur jaune comme son nom le désigne et il a des veines orangées ; ses prolongements médullaires sont très-minces ; il n'a pas beaucoup de dureté ni de pesanteur.

L'usage de ce bois pour la teinture n'est bien répandu que depuis quelque temps ; il est fort abondant en parties colorantes, et il donne une couleur qui est solide, sur-tout sur les étoffes de laine ; il s'unit bien avec l'indigo ; il est à un prix modique ; enfin ses qualités doivent le faire placer parmi les ingrédients les plus utiles de la teinture.

Lorsque la décoction de ce bois est bien chargée, elle a une couleur jaune-rouge foncée ; en l'étendant d'eau, elle devient jaune orangée : les acides troublent cette liqueur avec quelques différences peu remarquables ; il se forme un petit précipité jaune verdâtre ; la liqueur surnageante est d'un jaune pâle. Les alcalis redissolvent le précipité, et donnent à la liqueur une couleur foncée rougeâtre.

C'est la couleur que les alcalis donnent à la décoction du bois jaune ; ils la rendent très-foncée et presque rouge : il se fait avec le temps un dépôt d'une substance jaunâtre qui adhère au vase et qui quelquefois vient surnager.

L'alun forme un petit précipité jaune ; la liqueur reste transparente et d'un jaune moins foncé.

L'alun et le tartre donnent un précipité qui a la même couleur, mais qui est plus lent à se former ; la liqueur retient une couleur encore moins foncée.

Le muriate de soude rend la couleur un peu plus foncée, sans troubler la liqueur.

Le sulfate de fer forme un précipité qui est d'abord jaune, mais qui brunit de plus en plus ; la liqueur reste brune et sans transparence.

Le sulfate de cuivre donne un précipité abondant d'un jaune-brun ; la liqueur surnageante retient une faible couleur verdâtre.

Le sulfate de zinc donne un précipité brun-verdâtre ; la liqueur retient une couleur jaune-rougeâtre.

L'acétate de plomb forme un précipité abondant jaune-orangé ; la liqueur qui surnage est transparente, d'un jaune-verdâtre très-faible.

La dissolution d'étain donne un précipité très-abondant d'un beau jaune, un peu plus clair que le précédent; la liqueur retient une faible couleur jaune.

Pour se servir du bois jaune, on le fend en éclat, ou, ce qui est mieux, on le réduit en copeaux ou en poudre; on l'enferme dans un sac pour empêcher que quelques parties ne se fixent à l'étoffe et ne la déchirent.

La gaude ne donne au drap qui n'a point reçu de préparation, qu'un jaune pâle, qui ne résiste pas long-temps à l'air; mais le bois jaune produit, sans le secours des mordants, une couleur jaune tirant sur le brun, qui à la vérité est terne, mais qui résiste assez bien à l'air : on donne de la vivacité à sa couleur, et on augmente sa solidité par le moyen des mêmes mordants qu'on peut employer pour la gaude, et qui exercent sur lui une action tout-à-fait analogue; ainsi l'alun, le tartre et la dissolution d'étain rendent sa couleur plus claire; le sel marin et le sulfate de chaux la rendent plus foncée. L'on peut donc appliquer au bois jaune les procédés qui ont été indiqués pour la gaude, avec cette différence que, pour obtenir une même nuance, il faut employer beaucoup moins de bois jaune; ainsi cinq à six parties de ce bois suffisent pour donner une couleur de citron à seize parties de drap; cependant les couleurs qu'on obtient par ces procédés tirent plus à l'orangé et sont plus ternes que celles de la gaude : on mêle quelquefois l'un à l'autre, selon l'effet que l'on veut obtenir.

On doit à Chaptal un moyen facile d'obtenir une couleur plus vive du bois jaune. Ayant remarqué que la décoction de ce bois donnait un précipité avec la gélatine, et qu'après cela on en obtenait une belle couleur jaune, il prescrit *de faire bouillir, dans le bain de bois jaune, des rognures de peau, de la colle forte ou autres matières animales; et alors, sans filtrer, on y travaillera l'étoffe, qui y prendra la plus belle et la plus intense des couleurs* (1).

CHAPITRE III.

Du quercitron.

C'est à Bancroft que l'on doit l'acquisition de cette substance tinctoriale: il a donné une ample description de ses propriétés et des usages auxquels elle est propre : nous allons en présenter le sommaire.

Le quercitron est l'écorce du *quercus nigra* de Linneus : l'épiderme qui donne une couleur brunâtre, doit être séparée avec soin de l'écorce : après cela on réduit celle-ci en poudre dans un moulin.

(1) Mém. de l'Instit. tom. 1.

Cette poudre donne autant de substance colorante que huit ou dix parties de gaude, et autant que quatre de bois jaune. Sa couleur a beaucoup d'analogie avec celle de la gaude; mais elle revient à beaucoup meilleur marché.

Le quercitron donne facilement sa partie colorante à l'eau, même lorsqu'elle n'est que tiède: on en obtient un extrait qui a le douzième du poids de l'écorce; mais il est difficile de l'employer en teinture, parce que si l'on se sert de la chaleur de l'ébullition, sa couleur se rembrunit; si l'on fait une évaporation lente, elle éprouve une autre espèce d'altération.

La décoction de quercitron est d'une couleur jaune brunâtre; les alcalis la rendent plus foncée et les acides plus claire: la solution d'alun n'en sépare qu'une petite portion de la matière colorante qui forme un précipité d'un jaune foncé; les dissolutions d'étain y produisent un précipité plus abondant, d'un jaune vif. Le sulfate de fer donne un précipité abondant d'une couleur olive foncée; la liqueur qui surnage, est claire et d'un léger vert-olive.

Pour teindre la laine, il suffit de faire bouillir pendant deux minutes le quercitron avec son poids, ou un tiers de plus que son poids, d'alun: on introduit ensuite l'étoffe, en donnant d'abord la nuance la plus foncée, et en finissant par la couleur de paille. On peut aviver ces couleurs en fesant passer l'étoffe au sortir du bain dans une eau chaude blanchie par un peu de craie lavée ; mais la couleur que l'on obtient par ce procédé n'est pas aussi solide que lorsque l'on soumet l'étoffe à un bouillon avant de la passer dans le bain de teinture : dans cette seconde méthode, on fait bouillir l'étoffe pendant une heure ou une heure et un quart, dans une dissolution d'alun, d'un sixième ou d'un huitième du poids de la laine : il ne faut pas y faire entrer le tartre ; ensuite on teint dans un bain préparé avec un poids de quercitron égal à celui de l'alun employé jusqu'à ce que la couleur paraisse assez montée : alors on introduit de la craie dans le bain pour aviver la couleur, et on rabat de nouveau pendant 8 ou 10 minutes.

On obtient une couleur plus vive par le moyen de la dissolution d'étain. Bancroft prescrit d'employer dans le bain un poids égal de quercitron et de dissolution d'étain par l'acide nitro-muriatique, et sur-tout par le mélange d'acide nitrique et d'acide sulfurique, dont nous avons parlé en traitant de l'écarlate. Quand on veut une couleur jaune d'or brillante, tirant moins sur l'orangé, on n'emploie que sept à huit parties de dissolution d'étain contre dix de quercitron, et cinq d'alun : un peu de tartre ajouté à ces ingrédients donne une couleur citrine tirant sur le vert.

qu'on a cru jusqu'à présent ne pouvoir obtenir que de la gaude.

Le quercitron peut être substitué à la gaude pour les différentes nuances que l'on veut donner à la soie, qui doit d'abord être alunée. La dose est d'une à deux parties de quercitron pour douze parties de soie. On peut aviver la couleur en ajoutant un peu de craie ou de potasse vers la fin de l'opération; on peut aussi faire usage de la dissolution d'étain avec l'alun, qui doit être en plus grande proportion.

Pour substituer le quercitron à la gaude dans l'impression des toiles, Bancroft prescrit, après les opérations préliminaires de l'impression, de délayer le quercitron en poudre dans l'eau froide, d'introduire les pièces que l'on veut teindre, et d'échauffer peu-à-peu le bain, en les dévidant lentement sur le moulinet : la couleur est plus vive et plus durable, si l'on n'élève la chaleur qu'un peu au-dessus de la température du corps humain, que lorsqu'elle approche plus de l'ébullition. On fait varier l'intensité du jaune, ou en augmentant la proportion du quercitron, ou en prolongeant l'immersion. Un avantage de cet ingrédient sur la gaude, c'est qu'il ne colore presque pas les fonds blancs, lorsque l'on n'a pas trop élevé la chaleur du bain; de sorte que le lavage à l'eau froide, et sur-tout à l'eau chaude, suffit sans passage au son et sans exposition sur le pré. La différence des températures qu'exigent le quercitron et la gaude, fait que le mélange de ces deux ingrédients ne produit pas de bons effets. L'addition du tartre augmente la propriété qu'a le quercitron de ne pas altérer les fonds blancs ; il fait tirer la couleur vers cette nuance verte qui fait rechercher la gaude, mais il faut alors élever un peu plus la chaleur du bain.

Bancroft décrit une couleur d'application que l'on obtient du quercitron : on fait une forte décoction de quercitron, on la filtre, on la fait évaporer à une douce chaleur, et quand elle est réduite au-delà de la moitié, on la laisse refroidir jusqu'à la température humaine; après cela on mêle avec cette liqueur un quart d'acétate d'alumine; on épaissit le mélange avec la gomme autant qu'il faut pour qu'elle ne coule pas dans l'application, mais en évitant une consistance qui l'empêcherait de pénétrer dans l'étoffe. La couleur que l'on obtient par cette application n'a ni autant d'intensité, ni autant de solidité que celle qu'on a en imprégnant d'abord l'étoffe du mordant; cependant on peut augmenter l'une et l'autre par un mélange de nitrate de cuivre et de nitrate de chaux.

On doit indubitablement regarder le quercitron comme une substance très-utile en teinture; cependant les épreuves qui, à notre connaissance, ont été faites avec les précautions prescrites par Bancroft, sur-tout relativement à la température du bain, nous paraissent prouver que la couleur qui en provient est inférieure en solidité à celle qui est due à la gaude. On peut obtenir une couleur plus pure et plus vive du quercitron, en suivant le procédé que Chaptal a donné pour le bois jaune.

CHAPITRE IV.

Du rocou.

Le rocou ou roucou est une pâte assez sèche et assez dure qui est brunâtre à l'extérieur et rouge dans l'intérieur : on l'apporte ordinairement dans des tonneaux en pains qui sont enveloppés de feuilles de roseaux très-larges, d'Amérique, où on le prépare avec les semences d'un arbre (*bixa orellana Linn.*)

On doit à Leblond des observations exactes sur la culture de l'arbre dont la graine sert à faire le rocou, sur la préparation qu'on lui fait subir, et sur les moyens de perfectionner cette préparation (1).

On recueille les siliques qui contiennent les

(1) Ann. de Chim. tom. XLVII.

graines ; on en extrait celles-ci, on les pile ; dans cet état, on les transporte dans une cuve qu'on appèle trempoire, où on les délaye dans une suffisante quantité d'eau pour les couvrir entièrement. On abandonne la matière pendant plusieurs semaines et même des mois ; ensuite on l'exprime dans des tamis placés au-dessus de la trempoire, pour que l'eau qui tient la couleur en suspension puisse y retomber : le résidu est conservé sous des feuilles de bananier, jusqu'à ce qu'il s'échauffe par la fermentation ; alors on le soumet à la même opération, et l'on continue ainsi jusqu'à ce qu'il ne reste plus de couleur.

On délaye la matière extraite, on la passe dans des tamis pour en séparer les débris des graines, et on laisse déposer la couleur ; on fait bouillir le précipité dans des chaudières jusqu'à ce qu'il soit réduit en pâte assez consistante ; ensuite on le laisse refroidir, et on le fait sécher à l'ombre.

A ce travail long et pénible, qui cause des maladies par la putréfaction qu'il exige, et qui donne un produit altéré, Leblond propo sede laver simplement les graines de rocou jusqu'à ce qu'elles soient totalement dépouillée de la couleur qui est entièrement à leur surfaee, de précipiter la couleur à l'aide du vinaigre ou du jus de citron, et de faire cuire à la manière ordinaire, ou de faire égoutter dans des sacs, ainsi que cela se pratique pour l'indigo.

Les expériences que Vauquelin a faites sur des graines de rocou apportées par Leblond, ont confirmé l'efficacité du procédé proposé par le dernier, et des teinturiers ont éprouvé que le rocou obtenu de cette manière, valait, au moins, quatre fois autant que celui du commerce; que, de plus, il était plus facile à employer; qu'il exigeait moins de dissolvant; qu'il fesait moins d'embarras dans la chaudière, et qu'il fournissait une couleur plus pure.

Le rocou se dissout beaucoup mieux et plus facilement dans l'alcool que dans l'eau; d'où vient qu'on le fait entrer dans les vernis jaunes auxquels on veut donner un œil orangé.

La décoction du rocou avec l'eau a une forte odeur qui lui est particulière et une saveur désagréable : sa couleur est d'un rouge-jaunâtre et reste un peu trouble; une dissolution alcaline la rend jaune-orangée, plus claire et plus agréable : il s'en sépare une petite quantité de substance blanchâtre qui reste suspendue dans la liqueur. Si l'on fait bouillir dans l'eau le rocou avec un alcali, il se dissout beaucoup mieux que lorsqu'il est seul, et la liqueur a une couleur orangée.

Les acides forment avec cette liqueur un précipité de couleur orangée, qui est dissoluble par l'alcali, et qui lui communique une couleur orangée foncée; la liqueur qui surnage ne retient qu'une couleur jaune-pâle.

La dissolution de muriate de soude et celle de muriate d'ammoniaque ne produisent aucun changement sensible.

La dissolution d'alun donne un précipité considérable d'une couleur orangée plus foncée que le dépôt formé par les acides ; la liqueur retient une couleur agréable de citron tirant un peu au vert.

Le sulfate de fer forme un précipité d'un brun-orangé ; la liqueur retient une couleur jaune très-pâle.

Le sulfate de cuivre donne un précipité d'un brun-jaunâtre un peu plus clair que le précédent ; la liqueur conserve une couleur jaune-verdâtre.

La dissolution d'étain produit un précipité jaune-citron, qui se dépose très-lentement.

Pour employer le rocou, on le mêle toujours avec de l'alcali qui en facilite la dissolution et qui lui donne une couleur qui tire moins au rouge : on coupe le rocou par morceaux, et on le fait bouillir quelques moments dans une chaudière avec poids égal de cendre gravelée, à moins que la nuance qu'on veut obtenir n'exige une quantité moins considérable d'alcali. On peut ensuite teindre les draps dans ce bain, soit avec ces seuls ingrédients, soit en y en ajoutant d'autres pour en modifier la couleur ; mais il est rare qu'on fasse usage du rocou pour la laine, parce que les couleurs qu'il donne sont trop fugitives, et qu'on peut les obtenir d'ingrédients plus solides. Hellot s'en est servi pour teindre une étoffe préparée avec l'alun et le tartre, mais la couleur n'a pris qu'un peu plus de solidité : c'est presqu'uniquement pour la soie qu'on en fait usage.

Il suffit que les soies destinées à être mises en aurore et orangé, aient été cuites à raison de vingt parties de savon pour cent : après qu'elles ont été bien dégorgées, on les plonge dans un bain qu'on a préparé avec l'eau, à laquelle on a mêlé avec soin une quantité plus ou moins grande de la dissolution alcaline de rocou, selon la nuance que l'on veut obtenir. Ce bain doit avoir un degré de chaleur moyen entre l'eau tiède et l'eau bouillante.

Lorsque les soies sont unies, on retire un des matteaux, on le lave et on le tord pour voir si la couleur est assez pleine; si elle ne l'est pas assez, on ajoute de la dissolution de rocou et on lise de nouveau. Cette dissolution se conserve sans s'altérer.

Quand on a obtenu la nuance que l'on desire, il ne reste qu'à laver les soies et à leur donner deux battures à la rivière pour les débarrasser du superflu du rocou, qui nuirait à l'éclat de la couleur.

Pour teindre sur cru, on choisit des soies naturellement blanches, et on les teint sur le bain de rocou, qui ne doit être que tiède ou même froid, pour que l'alcali n'attaque pas la gomme de la soie et ne lui ôte pas l'élasticité qu'on desire de lui conserver.

Ce qu'on vient de dire regarde les soies auxquelles on veut donner les nuances d'aurore; mais pour faire l'orangé, qui est une nuance beaucoup plus rouge que celle d'aurore, il faut, après la teinture en rocou, rougir les soies par le vinaigre, par l'alun ou par le jus de citron. L'acide, en saturant l'alcali dont on s'est servi pour dissoudre le rocou, détruit la nuance de jaune que cet alcali lui avait donnée, et le ramène à sa couleur naturelle qui tire beaucoup sur le rouge.

Pour les nuances très-foncées, on est, à ce que rapporte Macquer, dans l'usage à Paris de les passer dans l'alun; et si la couleur ne se trouve pas encore assez rouge, on la passe sur un bain de bois de Brésil léger. A Lyon, les teinturiers qui emploient le carthame font quelquefois usage des vieux bains de cet ingrédient pour y passer les orangés foncés.

Lorsque les orangés ont été rougis par l'alun, il faut les laver à la rivière; mais il n'est pas nécessaire de battre, à moins que la couleur ne se trouve trop rouge.

On peut aussi obtenir, par une seule opération, des nuances qui conservent une teinte rougeâtre, en employant pour le bain de rocou une proportion moindre d'alcali que celle qui a été indiquée.

Gubliche conseille d'éviter la chaleur dans la préparation du rocou : il prescrit de le placer dans un vase de verre ou de terre enduite d'une couverte vitreuse, de le couvrir d'une dissolution d'alcali pur, de laisser en repos le mélange pendant vingt-quatre heures, de décanter la liqueur, de la filtrer, d'ajouter de l'eau sur le résidu à plusieurs reprises, en laissant à chaque fois le mélange en repos pendant deux ou trois jours jusqu'à ce que l'eau ne se colore plus, de mêler toutes ces liqueurs et de conserver celle qui résulte de ces mélanges dans un vase bien bouché pour en faire usage lorsqu'on en a besoin.

Il fait macérer pendant douze heures la soie dans une dissolution d'alun, à raison de $\frac{1}{8}$ de ce sel par partie de soie, ou dans une eau rendue acidule par l'acide acéto-citrique dont on a donné ci-devant la description ; il la tord bien au sortir de ce mordant.

La soie ainsi préparée est mise dans la liqueur colorante de rocou toute froide : on l'y tient agitée jusqu'à ce qu'elle ait pris la nuance qu'on desire, ou bien on tient cette liqueur à une chaleur qui soit éloignée de l'ébullition : au sortir du bain on lave la soie et on la fait sécher à l'ombre.

Pour les nuances plus claires, on prend une

liqueur moins chargée de couleur ; on peut y ajouter un peu de la liqueur acide qui a servi de mordant, ou bien passer la soie teinte, dans une eau acidule.

Si l'on veut que les dernières nuances soient moins orangées, et qu'elles approchent de la couleur de nankin, on ajoute au bain un peu de dissolution de noix de galle par le vin blanc.

Pour donner une couleur orangée au coton, Wilson prescrit de broyer le rocou en l'humectant, de le faire bouillir dans l'eau avec le double de son poids d'alcali, de laisser déposer une demi-heure, de faire passer la liqueur éclaircie dans un vase échauffé et d'y plonger le coton qui y prendra une couleur orangée. Alors on verse dans le bain une dissolution de tartre encore chaude, de manière qu'il devienne faiblement acide : on y lise encore le coton et on l'y tourne s'il est en pièce. Par-là la couleur devient plus vive et se fixe mieux ; on donne ensuite un léger lavage au coton et on le sèche dans une étuve.

Nous avons vu employer pour les velours de coton la préparation suivante : une partie de chaux vive, une de potasse, deux de soude ; on en fait une lessive dans laquelle on délaye une partie de rocou ; on fait bouillir le mélange une heure et demie. Ce bain donne les aurores les plus vifs et les plus brillants. Les chamois petit teint s'obtiennent aussi avec cette dissolution :

il n'en faut pour cela qu'une petite quantité ; mais il ne faut pas perdre de vue que les couleurs qui sont dues au rocou sont fugitives.

CHAPITRE V.

De la sarrette et de plusieurs autres ingrédients propres à teindre en jaune.

La sarrette (*serratula tinctoria*) est une plante qui croît abondamment dans les prairies et dans les bois. Elle donne sans mordants une couleur jaune-verdâtre qui n'a point de solidité ; mais, par le moyen de l'alun employé dans un bouillon particulier ou mis dans le bain avec la sarrette même, cette plante donne une couleur jaune, solide et agréable. Selon Poerner, les mordants qui lui conviennent le mieux sont l'alun et le sulfate de chaux. Il est inutile de répéter que le dernier procure une couleur plus foncée, et que l'on peut aussi varier la nuance par la proportion du mordant et par celle de la sarrette. Scheffer prescrit de préparer la laine avec l'alun et un douzième de tartre ; il dit que si on la prépare avec trois seizièmes de dissolution d'étain et autant de tartre, elle prend une couleur beaucoup plus vive que la précédente.

Le genêt des teinturiers, la génestrole (*genista tinctoria*), qui croît abondamment dans les terrains secs et montagneux, donne une couleur jaune qui ne peut être comparée pour la beauté à celle de la gaude ou de la sarrette, mais elle acquiert assez de solidité par le moyen des mordants. Ceux qui peuvent être employés avec le plus d'avantage, soit pour la préparation du drap, soit dans le bain, sont le tartre, l'alun et le sulfate de chaux.

La camomille (*camomilla matricaria*), qui est une plante assez connue, donne une faible couleur jaune assez agréable, mais qui n'a aucune solidité; les mordants lui en donnent un peu plus : les plus utiles sont l'alun, le tartre et le sulfate de chaux.

Selon Scheffer, on donne à la soie un beau jaune avec la décoction de cette plante, dans laquelle on verse goutte à goutte un peu de dissolution d'étain, saturée par le tartre, jusqu'à ce que la couleur devienne assez jaune; on la maintient chaude, mais sans ébullition, pour y teindre la soie : il recommande d'employer de bonne eau qui ne précipite pas la dissolution d'étain.

Le fenu-grec (*trigonella fœnugræcum*) donne des semences qui, étant moulues, peuvent teindre en jaune pâle assez solide : les mordants qui réussissent le mieux avec cette substance, sont l'alun et le muriate de soude.

Le curcuma, terra merita *(cucurma longa)*, est une racine qu'on nous apporte des Indes orientales. On avait commencé à le cultiver à Tabago, et on en avait envoyé qui était supérieur à celui qui est dans le commerce, soit par la grosseur des racines, soit par l'abondance des parties colorantes. Cette substance est fort riche en couleur, et aucune autre ne donne un jaune orangé aussi éclatant; mais il n'a aucune solidité, et les mordants ne peuvent lui en donner une suffisante : le muriate de soude et le muriate ammoniacal sont les substances qui fixent le plus cette couleur, mais ils la foncent et la font tirer au brun; quelques-uns recommandent une petite quantité d'acide muriatique. Il faut réduire cette racine en poudre pour l'employer. On s'en sert quelquefois pour dorer les jaunes faits avec la gaude, ainsi que pour donner une couleur orangée à l'écarlate; mais la nuance qui est due au curcuma ne tarde pas à disparaître à l'air.

Le fustet *(rhus cotinus)* est un bois qui a une couleur mêlée d'orangé et de verdâtre; ses fibres sont chatoyantes.

Ce bois donne une belle couleur orangée qui n'a aucune solidité; de sorte qu'on ne l'emploie pas seul, mais on s'en sert en le mêlant avec d'autres substances colorantes et particulièrement avec la cochenille, pour donner à l'écarlate une couleur de feu, et pour les grenades, les jujubes, les langoustes, les orangés, les jonquilles, les couleurs d'or, le chamois, et en général pour toutes les couleurs auxquelles l'on veut allier plus ou moins une nuance de jaune orangé. L'avantage qu'on trouve à se servir de cette substance consiste en ce que sa couleur s'affaiblit et se détruit sans changer de nuance; d'ailleurs, lorsqu'elle est fondue avec d'autres couleurs, elle se conserve mieux que lorsqu'elle est seule.

La graine d'Avignon, ou la baie de l'épine cormier (*rhamnus infectorius*), que l'on cueille avant sa maturité, donne un assez beau jaune, mais qui n'a pas de solidité; on peut l'employer en préparant le drap de la même manière que pour le teindre en gaude. Comme cette graine est riche en couleur, on la substitue souvent à la gaude pour l'impression des toiles, quoiqu'elle lui soit inférieure en qualité.

Les feuilles de saule sont indiquées par Scheffer comme propres à donner une belle couleur jaune à la laine, à la soie et au lin. Bergman prétend qu'il faut se servir des feuilles du laurier saule (*salix pentendra*), et que les feuilles du saule commun donnent une couleur dont la plus grande partie se dissipe au soleil en peu de temps.

Scheffer prescrit de laisser pendant une nuit la laine dans une dissolution refroidie d'$\frac{1}{5}$ d'alun et d'$\frac{1}{16}$ de tartre. Le bouillon se fait avec des feuilles qu'on a ramassées vers la fin d'août ou au commencement de septembre, et qu'on a fait sécher dans un endroit ombragé, mais aéré : on en prend la quantité qu'on juge convenable, et on la fait bouillir une demi-heure ; on y ajoute $\frac{1}{256}$ de potasse blanche, pour rendre la couleur plus vive et plus foncée, après quoi on passe le bain au tamis ; on le tient dans un état voisin de l'ébullition, et on y teint la laine jusqu'à ce qu'elle ait pris la couleur que l'on desire. Il prescrit pour la soie et pour le lin le même procédé, si ce n'est qu'il augmente d'$\frac{1}{16}$ la proportion de l'alun. Au rapport de Bergman, Alstroëmer a observé que la couleur était plus chargée en macérant le lin avec une plus grande quantité d'alun, en le tordant et le séchant avant de le teindre, et que, pour l'extraction complète du principe colorant, il fallait aussi augmenter la quantité de potasse.

L'écorce, et sur-tout les jeunes branches du peuplier d'Italie et de quelques autres espèces de peuplier, donnent à la laine, selon d'Ambourney une couleur jaune belle et solide, surtout lorsque la laine a été préparée avec la dissolution d'étain ; il faut à-peu-près sept parties en poids de ce bois pour en teindre une de laine.

La semence de trèfle rouge (*trifolium pratense purpureum majus raii*) est employée en Suisse et en Angleterre pour la teinture. Vogler a cherché à reconnaître les couleurs qu'il était possible d'en obtenir, et il a trouvé que le bain de cette semence donnait, avec la dissolution de potasse, un jaune très-foncé ; avec l'acide sulfurique, un jaune clair ; avec les dissolutions d'alun et d'étain, un jaune citron ; avec le sulfate de cuivre, un jaune verdâtre. Les laines imprégnées de ces mordants et bouillies pendant quelques minutes dans le bain de la semence de trèfle rouge, se trouvent très-solidement teintes des différentes couleurs qu'on vient de nommer ; les jaunes donnent de beaux verts avec l'indigo : la luzerne (*medicago sativa*) a donné les mêmes résultats (1).

Dizé a fait des expériences comparatives avec le trèfle et la gaude (2). Il en résulte que la semence de trèfle donne à la laine un beau jaune orangé, et à la soie un jaune verdâtre ; que la dissolution d'étain ne peut être employée pour cette teinture, mais qu'elle exige un alunage ; enfin que le bleu appliqué sur le jaune qui vient de la semence du trèfle, fait un vert moins beau et plus terne que celui pour lequel on s'est servi de la gaude.

(1) Ann. de chim. tom. III.
(2) Journ. de Phys. 1789.

La verge d'or du Canada *(solidago canadensis)* avait déjà été recommandée par Hellot. Gaad avait dit dans les mémoires de Stockholm, que cette plante donnait une couleur jaune même supérieure à celle de la gaude, et qu'elle était de beaucoup préférable à la génestrole; cependant, comme l'on n'en avait pas adopté l'usage, et comme cette plante est facile à cultiver, Succow l'a soumise à de nouvelles épreuves (1). On supprime les expériences par les réactifs qui ne présentent rien de particulier. Une décoction des tiges de cette plante, dans laquelle l'auteur a ajouté une proportion considérable d'alun, a donné à un échantillon de drap qui n'avait point reçu de préparation, une couleur jaune de paille très-vive; à un autre échantillon préparé avec le sulfate de fer, une couleur jaune verdâtre; et une couleur jaune de citron très-pure et très-vive, à un troisième échantillon qui avait été préparé avec l'alun.

Les fleurs d'œillet d'Inde *(tagetes patula)*, séparées de leur calice, ont été soumises aux mêmes épreuves. Le drap sans préparation a pris dans la décoction de ces fleurs une couleur jaune foncée; préparé avec le sulfate de fer, une couleur verdâtre, qui, par une ébullition continuée, est devenue très-foncée; enfin le drap préparé avec

(1) Crell. ann. chem. 1787.

l'alun a pris une couleur jaune très-vive qui tirait un peu sur le vert. Si l'on ajoute un peu d'alun au bain avant d'y plonger l'étoffe, on obtient un jaune très-beau et très-vif; il a même plus d'éclat que celui que l'on obtient de la verge d'or du Canada.

Il y a un grand nombre d'autres substances qui peuvent être employées pour teindre en jaune, et qui donnent des nuances plus ou moins belles, plus ou moins solides; telles sont l'écorce de l'épine-vinette, la fleur de cerfeuil sauvage, la grande ortie, la racine de patience sauvage, l'écorce de frêne, les feuilles d'amandiers, de pêchers, de poiriers, la fleur de jonc marin, etc. On a vu dans la première partie que l'acide nitrique pouvait aussi être employé pour donner une couleur jaune.

Les fleurs blanches, selon l'observation de Lewis, colorent en jaune même foncé l'eau avec laquelle on les fait bouillir; les acides, les alcalis et les autres sels agissent sur cette couleur comme sur celles des autres substances végétales jaunes (1).

On voit que les substances dont on peut se servir pour teindre en jaune sont en très-grand nombre; elles diffèrent entr'elles par la quantité de parties colorantes, par leur teinte plus ou

(1) The chemical works of Caspar Newmann.

moins franche, plus ou moins vive, plus ou moins orangée ou verdâtre, par leur degré de solidité et par leur prix. C'est en combinant ces propriétés qu'on doit se déterminer sur leur choix, selon la qualité de l'étoffe, la couleur que l'on desire, et les circonstances où l'on se trouve.

En général les alcalis rendent la couleur de ces substances plus foncée et plus orangée ; ils facilitent l'extraction des parties colorantes; ce n'est même que par leur moyen qu'on l'obtient du rocou, mais ils en favorisent la destruction. Le sulfate de chaux, le muriate de soude, le muriate d'ammoniaque foncent la couleur des substances jaunes; les acides l'éclaircissent et la rendent plus solide; l'alun et la dissolution d'étain, en la rendant plus claire, lui donnent plus d'éclat et de solidité.

Peu de jaunes produits par les substances végétales peuvent acquérir sur le coton une solidité comparable à celle des couleurs produites par la garance, et elles n'acquièrent jamais cette qualité qu'en perdant de leur éclat. Quand on veut une couleur plutôt très-solide que brillante, on colore le coton avec l'oxide de fer, en l'imprégnant des différentes dissolutions de ce métal. Les procédés employés pour cette teinture sont très-nombreux, et l'on conçoit qu'on peut beaucoup multiplier les nuances, en fesant varier l'état d'oxidation du métal ou la nature de l'acide qui le tient en dissolution, ainsi que par de légers changemens dans les proportions des matières ou dans les manipulations.

Pour obtenir une couleur foncée, Chaptal foule le coton dans une dissolution de sulfate de fer, marquant de 12 à 15° à l'aréomètre de Baumé. Il l'exprime très-également, mais légérement. Dès que toute la partie est passée, il repasse matteau par matteau dans la même dissolution, et tout de suite dans une dissolution de potasse, marquant le même nombre de degrés. La couleur du coton devient d'un bleu-vert sale, et tourne en quelques minutes au jaune doré agréable. Il faut à chaque passe vider le vase dans lequel on plonge les cotons, afin que la couleur soit égale et uniforme.

Pour le jaune pâle et très-doux, il foule le coton à une dissolution de sulfate de fer, marquant trois degrés, et le repasse comme dans le précédent procédé. D'un autre côté il prépare une liqueur avec de la dissolution de potasse, marquant deux ou trois degrés, à laquelle il ajoute de la dissolution d'alun jusqu'à ce qu'il aperçoive que les flocons ne se dissolvent plus; il imprègne le coton de cette liqueur, et la renouvelle pour chaque passe : le coton est teint en jaune très-agréable.

Lorsqu'on trouve que les couleurs ne sont pas

assez foncées, on peut repasser immédiatement le coton à des dissolutions plus fortes.

Chaptal recommande, pour que ces couleurs soient unies, de ne passer à-la-fois que 0,25 kilogrammes de coton, d'employer des dissolutions de sulfate de fer faibles, de passer d'abord le coton dans une dissolution de potasse, puis dans celle de sulfate de fer, en répétant ces passages alternatifs autant qu'il sera nécessaire pour parvenir à la nuance que l'on desire, et d'apporter le plus grand soin à imprégner et à exprimer très-également le coton.

On produit un jaune beurre frais en passant le coton dans de l'acétate de fer peu oxidé, mêlé de nitrate de fer, et on le fera tirer d'autant plus sur le rouge, qu'on emploiera une plus forte proportion de ce dernier sel.

Avec le nitrate de fer seul étendu d'eau, on a un jaune assez clair et qui monte vîte. Si l'on imprégne le coton de nitrate de fer peu étendu, qu'on le laisse sécher et qu'on le lave, il conserve une teinte très-foncée, semblable à celle de la rouille.

Le jaune de rouille qu'on imprime sur toile, est fait avec deux parties de sulfate de fer et une partie d'acétate de plomb : en y mêlant différentes proportions d'oxide de fer très-oxidé, on a des nuances qui tirent vers le rouge.

Le coton, teint par ces procédés, prend des

couleurs très-différentes dans des bains de teinture. Celui qui a reçu une légère couleur jaune par le procédé de Chaptal, devient noisette dans la décoction de galle : lorsque la couleur est plus foncée, elle devient gris-de-souris ; avec le tan ou le quercitron, il donne de l'olive. Passé dans une décoction à parties égales de noix de galle, de sumac, de campêche et de gaude, le coton devient d'un gris-blanc sale ; séché et passé à une forte dissolution de sulfate de fer, il prend la couleur grise-bleuâtre, qu'on nomme œil de roi.

SECTION V.

DU FAUVE.

On ne traitera que de quelques-unes des subtances qui sont employées pour produire les couleurs fauves, parce que le nombre de celles qui peuvent être employées est trop grand pour qu'on puisse les examiner en particulier, et qu'elles se ressemblent assez par leurs caractères, pour qu'on puisse appliquer aux unes les observations qui sont faites snr les autres.

CHAPITRE PREMIER.

Du brou de noix.

On sait que le brou de noix est blanc dans son intérieur, et que, lorsqu'on l'expose à l'air, il brunit et se noircit, d'où vient que lorsque la peau a été imprégnée de son suc, elle prend bientôt une couleur brune et presque noire.

Si l'on plonge dans l'acide muriatique oxigéné très-faible, l'intérieur du brou de noix récent, il s'y brunit également.

La décoction filtrée prend à l'air une couleur brune foncée ; elle donne, par l'évaporation, des pellicules qui, étant séparées, bien lavées et séchées, sont presque noires ; la liqueur dégagée de ces pellicules donne un extrait brun, qui se redissout complètement dans l'eau, mais qui, par une nouvelle évaporation, donne encore des pellicules semblables aux premières.

Ces pellicules, qui se forment dans plusieurs autres évaporations, sont dues à la substance colorante dont les propriétés ont été changées, parce que la proportion du carbone s'y trouve augmentée par un effet dont on a donné l'explication ailleurs.

L'alcool précipite les parties colorantes de la décoction de brou de noix sous la forme d'une substance brune qui peut se redissoudre dans l'eau.

La dissolution de potasse ne produit pas d'abord de changement sensible dans la décoction de brou de noix ; peu-à-peu la couleur se trouble un peu et sa couleur se fonce.

L'acide muriatique en a éclairci la couleur, l'a amenée au jaune ; il s'est formé un petit précipité brun et la liqueur est restée d'un jaune clair.

La dissolution d'étain a produit dans la décoction un précipité abondant, fauve cendré ; la liqueur n'a retenu qu'une faible couleur jaune.

La dissolution d'alun a faiblement troublé la liqueur ; il s'est formé un très-petit dépôt fauve brun ; la liqueur a conservé une couleur plus claire, mais encore fauve.

La dissolution de sulfate de cuivre n'a troublé la liqueur que lentement ; il s'est formé un dépôt peu abondant d'un vert-brun ; la liqueur surnageante est restée verte.

L'acétate de plomb a formé promptement un dépôt abondant d'une couleur fauve foncée.

La dissolution de sulfate de fer a rendu la couleur beaucoup plus foncée et même noire ; en la délayant d'eau, elle passait par le brun au fauve verdâtre, mais elle n'a point fait de dépôt.

La dissolution de sulfate de zinc pur n'a fait que troubler un peu la liqueur et en rendre par-là la couleur un peu plus foncée.

La décoction de racine de noyer a présenté, à peu de chose près, les mêmes propriétés : en séparant l'écorce de la substance ligneuse de cette racine, la première a donné, à poids égal, une liqueur beaucoup plus chargée de couleur. L'écorce du bois de noyer a encore présenté des propriétés qui se rapprochaient de celles du brou de noix, mais sa décoction a formé un précipité noirâtre avec le sulfate de fer.

Le brou de noix exerce une action vive sur l'oxide de fer ; il le dissout et il forme une liqueur noire comme l'encre : si on le fait bouillir avec la limaille pure, il ne l'attaque pas; mais si on le laisse exposé à l'air, la liqueur devient bientôt noire.

Les parties colorantes du brou de noix ont une grande disposition à se combiner avec la laine; elles lui donnent une couleur noisette ou fauve très-solide, et les mordants paraissent ajouter peu à sa solidité; mais ils peuvent varier ses nuances et leur donner plus d'éclat. On obtient sur-tout, par le moyen de l'alun avec lequel on donne un apprêt à l'étoffe, une couleur plus saturée et plus vive.

Le brou de noix est d'un excellent usage, parce qu'il donne des nuances assez agréables et très-solides, et parce qu'étant employé sans mordant, il conserve à la laine sa douceur, et qu'il n'exige qu'une opération simple et peu dispendieuse.

On ramasse le brou de noix lorsque les noix sont entièrement mûres; on en remplit de grandes cuves ou tonneaux, et on y met assez d'eau pour qu'il en soit recouvert : on le conserve en cet état une année et plus. Aux Gobelins, où l'on fait un usage très-étendu et très-varié de cet ingredient, on le conserve deux ans avant de s'en servir : on trouve qu'alors il fournit beaucoup plus de couleur. Il a une odeur putride très-désagréable.

On peut aussi se servir du brou qu'on enlève

aux noix avant qu'elles soient mûres, mais il se conserve moins long-temps.

Quand on veut teindre avec le brou de noix, on en fait bouillir pendant un bon quart-d'heure dans une chaudière une quantité proportionnée à la quantité d'étoffe et à la nuance plus ou moins foncée qu'on veut lui donner. Pour les draps, on commence ordinairement par les nuances les plus foncées, en finissant par les plus claires; mais pour les laines filées, c'est ordinairement par les nuances les plus claires, que l'on commence et l'on finit par les plus foncées, en ajoutant du brou de noix à chaque mise. Le drap et la laine filée doivent être simplement humectés d'eau tiède avant d'être plongés dans la chaudière, où on les retourne avec soin jusqu'à ce qu'ils aient pris la nuance qu'on desire, à moins qu'on ne donne un alunage préliminaire.

La racine de noyer donne les mêmes nuances, mais il faut pour cela en augmenter la quantité; il faut qu'elle soit réduite en copeaux, et il convient de l'enfermer dans un sac pour que les petits copeaux ne s'attachent pas à l'étoffe. Il arrive facilement que la couleur est inégale et qu'il s'y forme des taches : pour éviter cet inconvénient, il faut ménager le feu dans les commencements, afin que les parties colorantes puissent se distribuer dans le bain à mesure qu'elles sont extraites de la racine. Si quelques parties se trouvent teintes inégalement, comme la couleur est solide, il n'y a pas d'autre moyen de remédier à cet accident que de réserver l'étoffe pour des couleurs plus foncées.

CHAPITRE II.

Du sumac et de quelques autres substances propres à donner une couleur fauve.

Le sumac ordinaire (*rhus coriaria*) est un arbrisseau qui croît naturellement en Syrie, en Palestine, en Espagne, en Portugal : on le cultive avec soin en Espagne et en Portugal ; on coupe tous les ans ses rejetons jusqu'à la racine, puis on les fait sécher pour les réduire, par le moyen d'une meule, en poudre qui est employée pour l'usage des teintures et pour celui des tanneries. On donne le nom de rédoul ou roudou au sumac que l'on cultive dans les environs de Montpellier.

L'infusion du sumac qui est d'une couleur fauve tirant un peu sur le vert, brunit promptement à l'air : lorsqu'elle est récente, la dissolution de potasse y produit peu de changement ; les acides en éclaircissent la couleur et la rendent jaune ; la dissolution d'alun la trouble, y produit un précipité jaune et peu abondant; la liqueur reste jaune.

L'acétate de plomb a formé aussitôt un précipité abondant jaunâtre qui a pris à la surface une couleur brune; la liqueur est restée d'un jaune clair.

Le sulfate de cuivre a donné un précipite abondant d'un vert jaunâtre, qui, après quelques heures, s'est changé en vert brun; la liqueur est restée claire et un peu jaune.

Le sulfate de zinc du commerce a troublé la liqueur, l'a noircie, et il s'est fait un dépôt d'un bleu foncé.

Le sulfate de zinc pur a beaucoup moins foncé la couleur; il ne s'est fait qu'un petit dépôt fauve tirant sur le brun.

Le muriate de soude n'a pas produit d'abord de changement sensible; mais après quelques heures, la liqueur était un peu trouble, et sa couleur était devenue un peu plus claire.

Le sumac agit de même que la noix de galle sur la dissolution d'argent, dont il réduit le métal, et cette réduction est favorisée par l'action de la lumière. On s'est assez étendu ailleurs sur l'explication de ce phénomène et sur les propriétés générales des astringents.

Le sumac donne par lui-même une couleur fauve tirant sur le vert; mais il communique aux étoffes de coton plusieurs couleurs très-solides lorsqu'elles sont combinées avec des mordants.

Ainsi, comme nous l'avons déjà dit, il donne du noir avec l'acétate de fer, si celui-ci a été imprimé, dans un état de concentration ; et si on l'a étendu d'eau, on a des nuances de gris. Avec l'acétate d'alumine, il donne un jaune qui conserve une nuance un peu verdâtre, mais qui est solide ; de sorte que si dans un même dessin il entre un mélange des couleurs jaune, gris et noir, elles peuvent être produites toutes trois par le sumac.

Pour teindre avec cette substance, il faut chauffer l'eau environ à 50° de Réaumur, y jeter alors le sumac, entrer tout de suite les toiles et ne les y laisser que 15 à 20 minutes, en élevant un peu la chaleur du bain. Si on élève trop la chaleur, ou si on laisse trop long-temps les toiles dans la chaudière, les couleurs s'affaiblissent au lieu de monter, et même en assez peu de temps, celles qui ont le fer pour mordant, disparaissent presqu'entièrement. Cet effet, qui a aussi lieu, mais d'une manière moins marquée, dans beaucoup d'autres teintures, demande qu'on saisisse avec attention, pour retirer les toiles, le moment où les couleurs sont assez montées, et l'on doit, pour teindre également ne teindre à-la-fois qu'un petit nombre de pièces.

Les toiles teintes en sumac reprennent difficilement un beau blanc, et elles gagnent peu par l'exposition sur le pré : on obtient plus d'effet en les passant dans de l'eau aiguisée par l'acide sulfurique d'une manière à peine sensible au goût. Par ce moyen, les gris perdent la teinte rousse qu'ils ont en sortant de la chaudière, et deviennent agréables : le noir y acquiert aussi beaucoup d'éclat.

Nous avons dit, en parlant des gris, qu'en passant le coton alternativement dans une décoction de sumac très-étendue d'eau et dans une dissolution aussi très-étendue de sulfate de fer, on obtient des nuances de gris très-agréables, dont l'intensité depend de la concentration des bains et du nombre de fois qu'on a répété les opérations. En général, pour teindre uni de cette manière, il faut faire monter les couleurs lentement, en commençant par des bains très-faibles, passer à plusieurs reprises dans chacun d'eux, et augmenter graduellement leur force, lorsque l'on veut avoir des nuances foncées.

En finissant par la dissolution de sulfate de fer, le coton n'a point la teinte rousse qu'il prend lorsqu'on termine par le sumac, et qu'il faut enlever par l'eau acidulée.

Avec une décoction de sumac et une dissolution de sulfate de fer concentrées, le coton prend une couleur noire, lorsqu'il a passé trois ou quatre fois dans chacune d'elles ; et si en sortant pour la dernière fois du sulfate de fer, on le passe dans une décoction tiède de campêche, à laquelle on a ajouté un peu d'acétate de cuivre, le noir devient brillant et est assez solide : on adoucit le coton et on relève le noir, en le passant dans de l'eau tiède sur laquelle on a versé un peu d'huile.

Si, lorsqu'on teint en gris, on mêle de la décoction de campêche à celle de sumac, le gris devient ardoisé : si, après cela, on le passe dans la décoction de gaude très-étendue et mêlée d'alun, il tire vers le gris de perle.

En substituant la noix de galle au sumac, on a d'autres nuances.

Le coton, traité ainsi avec la décoction de campêche et le sulfate de fer, donne des gris ardoises peu solides.

La décoction de quercitron produit le gris américain ; et si on y a mêlé un peu d'alun et de muriate d'étain, au lieu de cette couleur on obtient le vert américain.

Avec le bois jaune, l'écorce d'aune, etc., on obtient d'autres couleurs. En variant ainsi les matières colorantes, et se servant du sulfate de fer et de l'alun ou du muriate d'étain, et en combinant diversement l'ordre et le nombre des opérations, ainsi que la concentration des bains, on obtient sur coton un grand nombre de nuances, et généralement assez solides.

Cette manière de teindre en passant alternativement dans le mordant et dans la matière colorante, est avantageuse pour avoir des couleurs unies, et de plus, elle présente de grandes facilités pour parvenir à une nuance demandée, ou pour varier celles que l'on produit.

L'écorce de l'aune *(betula alba)* donne une décoction d'un fauve clair, se trouble et brunit promptement à l'air : elle forme avec la dissolution d'alun un précipité jaune et assez abondant; avec la dissolution d'étain, un précipité abondant et d'un jaune clair : elle noircit les dissolutions de fer, et forme avec elles un précipité assez abondant; de sorte qu'elle contient beaucoup de principe astringent : elle dissout une grande quantité d'oxide de fer ; de là vient l'usage qu'on en fait pour les cuves de noir destinées à la teinture des fils : cependant elle ne possède pas la propriété de dissoudre le fer au même degré que la décoction de brou de noix.

Dans l'Orient on fait un grand usage, pour les étoffes ordinaires, des feuilles d'un arbrisseau que l'on appèle *Hhenne*, et qui est de la famille des salicaires : il était connu des anciens sous le nom de *ciprus*, et on en fesait usage pour teindre les enveloppes des momies, où l'on en reconnaît encore la couleur.

On broie les feuilles de cet arbrisseau, qui est encore cultivé en Egypte, après les avoir fait sécher rapidement : on en fait ensuite une pâte, dont on se sert pour teindre en fauve rougeâtre les ongles et la paume des mains.

La poudre de ces feuilles a une couleur olive ; elle donne par l'ébullition avec l'eau un liquide d'un fauve orangé très-foncé et très-chargé de substance colorante.

Presque tous les végétaux contiennent plus ou moins, sur-tout dans leur écorce, des parties colorantes propres à donner des nuances de fauve, qui tirent du jaune au brun, au rouge, au vert. Ces parties colorantes présentent des différences plus ou moins grandes entre elles, relativement à la quantité et à leurs qualités : elles varient encore, selon le climat et selon l'âge du végétal. On peut donc se procurer une grande variété de nuances en modifiant le fauve naturel aux végétaux par le moyen de différents mordants. C'est ce qu'ont exécuté Siefferts (1) et sur-tout d'Ambourney (2). Aussi, dans le grand nombre d'expériences qu'a faites le dernier en employant les parties de différents végétaux et en fesant usage de différents mordants, les couleurs qu'il a produites sont pour la plupart entre le jaune

(1) Versuche mit einheimischen farbe materien.

(2) Recueil de procédés et d'expériences sur les teintures solides que nos végétaux indigènes communiquent aux laines et aux lainages.

et le brun, telles que les carmélites, les olives, les canelles, les marrons.

La décoction de la plupart des végétaux, et particulièrement des écorces, donne non-seulement une couleur qui ne diffère que par des nuances, mais elle présente avec les réactifs des caractères qui s'éloignent peu ; elle forme un précipité jaune plus ou moins foncé avec l'alun, et une couleur plus claire avec la dissolution d'étain ; elle agit avec les dissolutions de fer comme astringent : cependant la décoction de brou de noix produit un effet particulier avec les dissolutions de fer ; elle prend une couleur très-foncée, mais il ne s'y fait pas de précipité, même après deux ou trois jours : sa décoction, ainsi que celle de l'écorce de noyer, a une action puissante sur l'oxide de fer ; elle s'en sature et fait une liqueur noire, et même si l'on met de la limaille de fer dans cette décoction exposée à l'air, dans deux ou trois jours elle forme une liqueur noire par le moyen de l'oxigène qu'elle attire de l'atmosphère ; mais si l'on fait bouillir la décoction à laquelle on a ajouté de la dissolution de sulfate de fer, il se précipite à l'instant un dépôt noir abondant. Ce n'est donc que par une petite circonstance que le brou de noix, ainsi que l'écorce de noyer, diffèrent des autres substances qui colorent en fauve ; cependant sa partie extractive a particulièrement la propriété de noircir par l'action de l'air ; et les pellicules qui se forment lorsqu'on la fait évaporer, prennent d'une manière très-marquée les apparences d'une substance charbonnée.

Si l'on compare la couleur jaune que produisent plusieurs substances végétales avec le fauve que la plupart donnent, on trouvera un grand rapport entre ces couleurs ; il y en a même qui peuvent se rapporter également au jaune et au fauve : il y en a qui sont fauves, mais qui, par le moyen de l'alun et de la dissolution d'étain, passent au jaune, et ces jaunes sont très-solides. L'on peut établir cette différence : les jaunes sont en général plus mobiles, plus sujets à donner des couleurs fugitives ; et c'est pour cela qu'on est obligé de fixer la couleur des substances jaunes par le moyen des mordants, au lieu que la plupart des substances fauves donnent par elles-mêmes une couleur assez solide.

Comme les nuances fauves qu'on obtient de différentes substances, varient, même dans une grande latitude, on mêle quelquefois plusieurs de ces substances pour obtenir une couleur particulière, et cela en proportions différentes ; on les mêle aussi aux autres ingrédients pour modifier la couleur qu'on en obtient et pour la rendre plus fixe.

Parmi ces substances, il y en a encore une qui

mérite de fixer l'attention, c'est le *santal* ou *sandal*.

On distingue trois sortes de bois de santal ; le santal blanc, le citron et le rouge ; le dernier seul est employé en teinture ; c'est un bois solide, compacte, pesant, que l'on nous apporte de la côte de Coromandel, et qui brunit en restant exposé à l'air ; on l'emploie ordinairement moulu en poudre très-fine ; il donne une couleur fauve, brune, tirant sur le rouge ; par lui-même il fournit peu de couleur, et on lui reproche de durcir la laine ; mais sa partie colorante se dissout mieux lorsqu'il est mêlé avec d'autres substances, telles que le brou de noix, le sumac, la noix de galle ; d'ailleurs la couleur qu'il donne est solide et modifie d'une manière avantageuse celles des substances avec lesquelles on le mêle.

Vogler ayant observé que l'alcool délayé ou l'eau-de-vie dissolvait beaucoup mieux que l'eau la partie colorante du santal, s'est servi de cette dissolution, soit seule, soit mêlée avec six à dix parties d'eau pour teindre des échantillons de laine, de soie, de coton et de lin, qu'il avait auparavant préparés en les imprégnant de dissolution d'étain, les lavant et les fesant sécher. Ces échantillons ont pris également une couleur rouge de ponceau. Des échantillons préparés de même avec l'alun ont pris une couleur d'écarlate saturée ; préparés avec le sulfate de cuivre, une belle couleur cramoisi clair ; préparés avec le sulfate de fer, une belle couleur violette foncée (1). Il a teint à froid dans la liqueur spiritueuse, mais il a employé une légère ébullition dans celle qui était mêlée avec l'eau. Ce mélange se fait sans que la transparence soit troublée.

On se sert encore de la suie pour donner à la laine une couleur fauve ou brune plus ou moins foncée, selon les proportions de cet ingrédient ; mais la suie ne donne qu'une couleur fugitive, parce qu'elle s'attache faiblement à la laine au lieu de s'y combiner ; elle la durcit et lui laisse une mauvaise odeur : cependant on l'emploie dans quelques manufactures qui ont de la réputation, pour brunir quelques couleurs ; sans doute parce qu'on obtient par-là des nuances qu'on aurait difficilement par d'autres moyens.

(1) Crell, ann. 1790.

SECTION VI.

DES COULEURS COMPOSÉES.

Les couleurs simples forment par leur mélange des couleurs composées ; et si les parties colorantes n'étaient pas variables dans leurs effets, selon les combinaisons qu'elles forment et selon l'action qu'exercent sur elles les différentes substances qui se trouvent dans un bain de teinture, l'on pourrait déterminer avec précision la nuance qui doit résulter du mélange de deux autres couleurs ou des ingrédients qui donnent séparément ces couleurs; mais souvent l'action chimique des mordants et de la liqueur du bain de teinture change les résultats : toutefois la théorie peut atteindre ces effets jusqu'à un certain point.

Ce n'est pas la couleur propre aux parties colorantes qu'il faut considérer comme partie constituante des couleurs composées, mais celle qu'elles doivent prendre avec tel mordant et dans tel bain de teinture; de sorte qu'il faut principalement fixer son attention sur les effets des agents chimiques dont on fait usage.

Cette partie de la teinture est celle où les lumières de l'artiste peuvent être le plus utiles pour varier ses procédés et pour parvenir au but qu'il se propose par la voie la plus simple, la plus courte et la moins dispendieuse.

Les procédés sur les couleurs composées sont très-nombreux : on n'indique que ceux qui paraissent mériter le plus d'attention, et on cherche sur-tout à établir par des exemples les principes par lesquels on doit se conduire. Plusieurs des procédés qui ont été décrits dans le cours de cet ouvrage, donnent des couleurs composées ; mais ici on va considérer spécialement cette partie de l'art des teintures.

CHAPITRE PREMIER.

Du mélange du bleu et du jaune ou du vert.

DIFFÉRENTES plantes peuvent donner des couleurs vertes ; telles sont la coquiole noire (*bromus secaline*), les baies vertes de la bourdaine (*rhamnus frangula*), le cerfeuil sauvage (*chærophyllum silvestre*), le trèfle des prés (*trifolium pratense*), le roseau (*arundo phragmites*), mais ces couleurs n'ont point de solidité.

D'Ambourney dit cependant qu'il a retiré un vert solide du suc fermenté des baies de bourdaine ; il a apprêté le drap avec du tartre, de la dissolution nitrique de bismuth et du muriate de soude, et il a ajouté au suc fermenté et tiède de baies de bourdaine, un peu d'acétate de plomb : le drap a pris dans ce bain une nuance moyenne entre le vert perroquet et le vert de pré.

Poivre et quelques autres écrivains avaient annoncé que l'on avait dans différentes parties de l'Inde une fécule verte ou une espèce d'indigo vert, ce qui serait précieux pour l'art des teintures; mais quelques essais de Bancroft paraissent prouver que ce n'est que l'indigo ordinaire qui se trouve uni à une substance jaune.

C'est par le mélange du bleu et du jaune que les teinturiers font le vert dont on distingue un grand nombre de nuances; il faut de l'adresse et de l'expérience pour obtenir cette couleur uniforme et sans tache, sur-tout dans les nuances claires.

On peut obtenir le vert, soit en commençant par la teinture en jaune, soit en commençant par le bleu; mais la première méthode a quelques inconvénients : alors le bleu salit le linge, et une partie du jaune se dissolvant dans la cuve, il l'altère et la verdit : on préfère la seconde méthode pour les étoffes de laine.

On se sert ordinairement de la cuve de pastel; mais pour quelques espèces de vert, on fait usage de la dissolution d'indigo par l'acide sulfurique, et alors, ou l'on teint séparément en bleu et en jaune, ou bien l'on mêle tous les ingrédients pour teindre par une seule opération ; enfin l'on peut se servir des dissolutions de cuivre et des substances jaunes. Nous allons parcourir ces différents procédés.

Le pied de bleu que l'on donne au moyen de la cuve doit être proportionné au vert qu'on veut obtenir; ainsi pour le vert canard, il faut un bleu foncé ; pour le vert perroquet, un pied de bleu de ciel; pour le vert naissant, un pied de bleu blanchi.

Lorsque les draps ont subi cette opération, on les lave au foulon et on leur donne un bouillon comme pour le gaudage ordinaire ; mais pour les nuances claires on diminue la quantité des sels. Plus souvent on commence par donner le bouillon aux draps destinés aux nuances claires ; et après les avoir retirés, on ajoute du tartre et de l'alun, et on continue ainsi jusqu'aux draps destinés aux nuances les plus foncées, en ajoutant de plus en plus du tartre et de l'alun.

Le gaudage s'exécute comme pour le jaune ; mais on emploie une plus grande quantité de gaude, à moins qu'on n'ait à teindre que des nuances claires pour lesquelles il faut au contraire en diminuer la quantité. Ordinairement on teint en même temps une suite de nuances, depuis les plus foncées jusqu'aux plus claires ; on commence par les nuances plus foncées, et l'on passe de suite aux plus claires : entre chaque mise qu'on laisse de demi-heure à trois quarts-d'heure, on ajoute de l'eau au bain. Quelques teinturiers passent deux fois chaque mise dans le bain ; ils commencent dans le premier tour par les nuances les plus foncées, et par les nuances les plus claires dans le second : dans ce cas, chaque mise doit rester moins de temps dans le bain ; il faut avoir attention qu'il ne bouille pas pour les nuances très-claires.

On donne une bruniture au vert très-foncé, avec du bois de campêche et un peu de sulfate de fer.

Il est encore plus difficile sur la soie que sur le drap d'éviter que le vert ne soit taché et n'ait des bigarrures. La cuite de la soie destinée aux verts se fait comme pour les couleurs ordinaires ; cependant pour les nuances claires, il faut qu'elle soit cuite à fond comme pour le bleu.

On ne commence pas par teindre en bleu comme pour le drap ; mais, après un fort alunage, on lave légérement la soie à la rivière, et on la distribue en petits matteaux pour qu'elle puisse se teindre également ; après cela on la lise avec attention sur un bain de gaude. Quand on juge que le pied est à la hauteur convenable, on fait un essai dans la cuve pour voir si la couleur a le ton qu'on desire ; si elle n'a point assez de fond, on ajoute de la décoction de gaude ;

et quand on s'est assuré que le jaune est au point convenable, on retire la soie du bain, on la lave et on la passe en cuve comme pour le bleu.

Pour rendre la couleur plus foncée et en même temps pour en varier le ton, on ajoute dans le bain jaune, lorsque la gaude en est retirée, du jus de bois d'Inde, de la décoction de bois de fustet, du rocou. Pour les nuances très-claires, telles que le vert pomme et le vert céladon, on donne un pied beaucoup moins fort que pour les autres. On préfère pour les nuances claires, si ce n'est pour le vert de mer, de teindre en jaune dans des bains qui ont déjà servi, mais dans lesquels il n'y a point de bois d'Inde ni de fustet, parce que la soie qui est parfaitement alunée, se teint trop rapidement dans les bains neufs, et est sujette par-là à prendre une couleur mal unie.

On choisit, pour teindre en vert sur crud, des soies naturellement blanches, comme pour le jaune, et, après les avoir trempées, on les alune et on suit le même procédé que pour les autres soies.

Lorsqu'on se sert du bleu de cuve pour teindre en vert, on peut, au lieu de gaude, employer la sarrette; elle est même préférable, parce que la couleur qu'elle donne tire naturellement sur le vert: on se sert aussi de la génestrole, quelquefois on mêle ces ingrédients ; l'on peut aussi faire usage des autres substances qui teignent en jaune, et se procurer, par leur moyen, des nuances variées.

Le vert qu'on obtient par le moyen de la dissolution d'indigo par l'acide sulfurique, est connu sous le nom de vert de Saxe ; il a plus d'éclat, mais moins de solidité que celui qui vient d'être décrit : c'est en Saxe que ce procédé a commencé à être exécuté, et l'administration en fit imprimer une description en 1750 (1). Selon cette description, il faut donner au drap pendant une demi-heure un bouillon avec l'alun et le tartre ; on le retire et on l'évente sans le laver ; on rafraîchit le bain, on y mêle bien la dissolution d'indigo, en n'en mettant d'abord que la moitié ; on y abat le drap et on l'y tourne rapidement sans faire bouillir pendant cinq à six minutes ; on le relève pour verser le reste de la dissolution qui doit être mêlée avec beaucoup de soin : après y avoir fait bouillir légèrement le drap pendant sept à huit minutes, on le retire, on le fait refroidir ; on vide le bain aux trois quarts plus ou moins, selon la nuance du vert qu'on veut avoir ; on le remplit d'une décoction de bois jaune, et lorsque ce bain est très-chaud, on y passe le drap

(1) Manière de teindre un drap blanc en vert nommé vert de Saxe.

qui avait été teint en bleu et refroidi, jusqu'à ce qu'il ait acquis la nuance qu'on desire. Le drap qui a été teint en bleu dans le bain avec l'alun et le tartre, a une couleur moins brillante, mais plus solide que quand on le met en bleu sans ce mélange.

L'expérience a appris à exécuter ce procédé d'une manière plus expéditive et même plus sûre; on donne un bouillon comme pour le gaudage, ensuite on lave le drap; on met dans le même bain du bois jaune réduit en copeaux et enfermé dans un sac; on le fait bouillir une heure et demie; on le lève, on rafraîchit le bain au point de pouvoir y tenir la main; on y verse à-peu-près 0,60 kilogramm. de dissolution d'indigo pour chaque pièce de drap de 22 mètres qu'on a à teindre; on tourne vîte dans les commencements, et ensuite lentement; on lève le drap avant que le bain entre en ébullition. C'est une bonne pratique que de ne mettre d'abord que les deux tiers de la dissolution, de lever le drap après deux ou trois tours, et d'ajouter ensuite le dernier tiers; la couleur s'unit mieux. Si l'on aperçoit qu'elle ne prenne pas bien, on ajoute un peu d'alun calciné et réduit en poudre.

On teint le vert de pomme Saxe sur le bain qui a servi au vert de Saxe, après en avoir jeté le tiers ou la moitié et l'avoir rafraîchi; on y tourne le drap jusqu'à ce qu'il approche de l'ébullition.

Il est facile de voir que l'on peut produire une grande variété de verts, non-seulement selon les proportions de la teinture de l'indigo et de la substance jaune dont on fait usage, mais selon la nature de la substance jaune. Cependant on préfère, pour obtenir un vert décidé, le bois jaune aux autres substances colorantes, parce que sa couleur est moins affectée par l'acide sulfurique qui éclaircit et affaiblit considérablement celle des autres substances.

Pour éviter cet effet avec le quercitron, Bancroft prescrit de teindre d'abord l'étoffe en bleu, de la bien rincer dans l'eau et de lui donner après cela un bouillon composé avec trois parties de craie lavée et de dix ou douze parties d'alun pour cent parties de drap; on fait bouillir pendant une heure : alors, sans changer de bain, on introduit dix ou douze parties de quercitron, et on continue la teinture; au bout d'un quart-d'heure, on ajoute une partie de craie, et on répète cette addition à des intervalles de six à huit minutes, jusqu'à ce qu'on ait une belle couleur verte.

Bancroft conseille en plusieurs occasions, et d'autres auteurs font de même, d'ajouter du carbonate de chaux au sulfate d'alumine, pour saturer l'excès d'acide de celui-ci; mais c'est la décomposition d'une partie de sulfate d'alumine que l'on produit par-là, et cette décomposition est entière, si la proportion du carbonate de chaux est suffisante : l'acide carbonique est chassé ; l'alumine est précipitée en retenant un peu d'acide sulfurique, et le sulfate de chaux se précipite en partie et reste en partie en dissolution en raison de la quantité d'eau. Il ne faut pas confondre l'effet que produit sur le sulfate d'alumine, la chaux ou le carbonate de chaux avec celui de la potasse ou de la soude.

Si l'on verse par parties une dissolution d'alcali, privé d'acide carbonique ou dans l'état de carbonate dans une dissolution de sulfate d'alumine, le petit précipité qui se fait au contact de la liqueur se redissout aussitôt, et ce n'est que lorsque l'acidité approche de la saturation par l'alcali, que le précipité cesse de disparaître. Mais la combinaison, même neutre, retient une portion d'alumine ; le précipité devenu constant peut être redissous par une surabondance d'alcali. On voit donc que l'alcali peut surcomposer le sulfate d'alumine, et que par-là on peut y apporter des changements favorables aux effets de la teinture, pendant que la chaux et le carbonate de chaux produisent immédiatement la séparation et la précipitation de l'alumine.

On pourrait absorber l'acide sulfurique dans le procédé dont il est question, en fesant bouillir l'étoffe teinte en bleu de Saxe avec le carbonate de chaux, avant de la soumettre au bouillon d'alun.

On reproche au bleu de Saxe d'avoir un œil verdâtre, qui vient probablement de la légère altération que l'acide sulfurique produit dans les molécules de l'indigo; on lui reproche encore, de même qu'au vert de Saxe, d'avoir moins de solidité que le bleu et le vert qu'on obtient par le moyen de la cuve. On a cherché en Angleterre à se procurer l'éclat qui caractérise le bleu et le vert de Saxe, en prévenant les défauts qui l'accompagnent et en réunissant les avantages du bleu de cuve et ceux de la dissolution sulfurique d'indigo. Guhliche décrit un procédé pour donner à la soie le bleu et le vert anglais : on réunit ici ces deux objets pour servir d'exemples des différents procédés qui peuvent être mis en usage.

Il se sert d'une cuve à froid pour teindre en bleu, et il la vante beaucoup sous les rapports de la commodité, du prix et de la beauté des couleurs.

Cette cuve est composée d'une partie d'indigo, de trois parties de bonne chaux vive ou éteinte à l'air, de trois parties de vitriol d'Angleterre et d'une partie et demie d'orpiment. L'indigo doit d'abord être broyé avec soin et délayé dans l'eau, mis dans une cuve de bois dans laquelle on l'étend d'eau jusqu'à la hauteur convenable, suivant l'intensité de la couleur qu'on veut obtenir; on y ajoute la chaux, on agite bien le mélange, on le couvre et on le laisse reposer quelques heures ; on ajoute ensuite le vitriol réduit en poudre ; on remue bien et on couvre la cuve ; après quelques heures on y jette l'orpiment réduit en poudre, on laisse encore reposer quelques heures, on remue le mélange et on le laisse reposer jusqu'à ce que la liqueur qui surnage paraisse claire lorsqu'on détourne la fleurée qui la recouvre : alors on y teint la soie matteau par matteau, mais on la passe auparavant dans l'eau tiède. Au sortir du bain, on la lave dans une eau courante et on la fait sécher. Lorsque le bain devient trouble, on le laisse reposer jusqu'à ce qu'il se soit éclairci, précaution essentielle pour les nuances claires ; et lorsqu'il commence à s'épuiser, on y ajoute un tiers des ingrédients en le traitant comme la première fois. A mesure que la cuve s'épuise, les nuances deviennent plus claires. Cette cuve sert également pour la soie, le lin et le coton. Guhliche pense que ceux qui n'ont pas réussi à teindre la soie dans les cuves à froid, ou qui se plaignent qu'on n'en obtient que des nuances faibles, ont été induits en erreur par la trop petite quantité d'orpiment qu'ils ont employée (1).

(1) Guhliche fait usage pour la laine d'une cuve composée d'une partie d'indigo, de quatre parties de potasse, d'une partie de chaux, et d'une partie à une partie et demie d'orpiment. Il suit le procédé ordinaire, si ce n'est qu'il tient cette dernière cuve à une chaleur modérée. Il s'en sert aussi de la même manière pour donner au drap un bleu et un vert anglais.

Le bleu anglais exige qu'on donne d'abord à la soie un bleu clair ; on la passe au sortir du bain dans l'eau chaude ; on la lave en eau courante, et on la met dans un bain que l'on a composé avec la dissolution sulfurique d'indigo, et auquel on ajoute un peu de dissolution d'étain, jusqu'à ce qu'elle ait pris la nuance qu'on desire, ou qu'elle ait épuisé le bain : on peut, avant de la mettre dans ce bain, la passer dans une dissolution d'alun où elle ne doit pas séjourner long-temps. La soie qu'on a teinte par ce procédé n'a ni l'œil rougeâtre du bleu de cuve, ni l'œil verdâtre du bleu de Saxe.

Pour faire le vert anglais, qui est plus beau que le vert ordinaire et plus solide que le vert de Saxe, Guhliche donne d'abord à la soie un bleu clair dans la cuve à froid ; il la trempe dans l'eau chaude ; il la lave dans l'eau courante ; il la passe dans une légère dissolution d'alun ; il prépare un bain avec la dissolution sulfurique d'indigo, un peu de dissolution d'étain et une teinture de graine d'Avignon faite par un acide végétal : il tient la soie dans ce bain jusqu'à ce qu'elle ait pris la nuance qu'il desire ; alors il la lave et la sèche à l'ombre. Les nuances plus claires peuvent être teintes à la suite. On varie les nuances plus ou moins bleues, plus ou moins jaunes par les proportions de la substance jaune et de la dissolution d'indigo. Lorsqu'on veut donner un vert d'oie à la soie, on lui fait prendre un bleu léger, soit dans la cuve à chaud, soit dans la cuve à froid; on la passe dans l'eau chaude, on la lave en eau courante, et pendant qu'elle est humide, on la passe dans un bain de rocou.

Pour donner une couleur verte aux fils de lin et de coton, on commence par les bien décreuser, on les teint dans la cuve de bleu, on les fait dégorger dans l'eau et on les passe dans le gaudage. On proportionne la force du bleu et du jaune à la couleur qu'on veut obtenir. Comme il est difficile d'unir les velours de coton sur la cuve de bleu ordinaire, on les teint en jaune avec le curcuma, et on achève le vert avec la dissolution d'indigo dans l'acide sulfurique. Il est indifférent de commencer par le jaune ou par le bleu.

Le Pileur d'Apligny décrit un procédé pour teindre en vert d'eau ou vert de pomme, par un seul bain, le velours de coton, ainsi que les écheveaux.

On délaye du vert-de-gris dans du vinaigre; on garde le mélange bien bouché pendant quinze jours dans une étuve; quatre heures avant de l'employer, on y ajoute une dissolution d'un poids de cendre gravelée égal à celui du vert-de-gris, et l'on tient ce mélange chaud. On prépare le fil ou le velours en les trempant dans une dissolution chaude d'alun, à raison d'une once de ce sel et de cinq litres d'eau par partie ; on les relève, on ajoute au bain la liqueur de vert-de-gris, et on les replonge pour les teindre.

Toutes les nuances d'olive et de vert canard se font en donnant aux fils un pied de bleu, en les engallant et en les passant sur le bain de la tonne au noir, plus au moins fort, puis sur le bain de gaude avec le vert-de-gris, après cela sur un bain de sulfate de cuivre ; enfin on avive la couleur par le moyen du savon.

Chaptal obtient de beaux verts sur coton par les procédés suivans. 1°. Il passe le coton teint en bleu-de-ciel dans une forte décoction de sumac, et l'y laisse jusqu'à ce qu'elle soit bien refroidie. Il le fait sécher, le passe au mordant d'acétate d'alumine, sèche encore, lave et travaille le coton pendant deux heures dans un bain tiède où l'on a fait infuser environ 12 kilogram. de quercitron par 50 kilogrammes de coton.

2°. Pour 100 kilogrammes de coton, il mêle 15 kilogrammes d'alun, 10 de sulfate de cuivre, 10 de sulfate de fer, 7,5 d'acétate de plomb, 1,5 de soude et autant de craie ; il y passe le coton teint en bleu, puis à l'eau de chaux, et de là à un bain de quercitron.

Chaptal a remarqué que le jaune de la gaude s'unit mal avec celui du sumac, et que le mélange de leurs couleurs donne au bleu une mauvaise teinte ; mais qu'en passant ensuite le coton à une lessive marquant 12 degrés, la couleur s'unit et devient assez fixe. La couleur de la gaude s'unit parfaitement à celle du tan. Il préfère encore de teindre les cotons destinés à être verts dans une cuve de bleu montée avec le sulfure d'arsenic, parce qu'il est difficile d'obtenir un beau vert, s'il y a dans la cuve une trop forte proportion de sulfate de fer.

Lorsque l'on veut avoir sur toile un fond vert, on imprime l'acétate d'alumine, et l'on applique une réserve sur les parties qui doivent rester blanches, ou sur celles déjà couvertes d'alumine et qui ne doivent prendre que la couleur jaune. On teint en bleu, on lave avec grand soin pour enlever toute la réserve, et l'on teint en gaude. Il arrive souvent que les parties du dessin qui devaient rester blanches, se colorent dans la gaude, parce que les sels de cuivre et la terre de pipe qui composent la réserve entrent en combinaison avec la toile. On pourrait commencer par la teinture en jaune, mais alors il devient impossible de rentrer exactement la réserve. Lorsqu'il n'y a que peu de blanc dans le dessin, on applique celle-ci au pinceau.

Si aux couleurs jaune, verte et bleue, se trouvent mêlées d'autres couleurs produites par la garance, on doit les terminer avant de teindre en bleu.

Lorsque les objets qui doivent être verts sont

petits ou de forme irrégulière comme les feuilles des fleurs, on met le bleu au pinceau, et après avoir terminé toutes les couleurs. On fait souvent le vert sur les toiles communes, en appliquant le bleu sur le jaune de rouille ou celui-ci sur le bleu. On fait ainsi un vert sombre tirant sur le merd'oie, et qui est bien rarement uni. C'est la difficulté avec laquelle les deux couleurs s'unissent qui empêche qu'on ne se serve de ce moyen, d'ailleurs économique, pour teindre les cotons en écheveaux.

On teint aussi en vert le coton auquel on a donné une couleur bleue avec le bleu de Prusse, selon le procédé qui a été décrit sect. II, chap. V de la seconde partie. On alune la pièce encore mouillée de son bleu (1), et on la passe au bain de gaude plus ou moins fort, suivant la nuance. La gaude procure une couleur plus vive que le bois jaune, qui fonce davantage, mais qui ternit un peu la vivacité du bleu. Si l'on voulait un vert tendant à l'olive, le bois jaune serait préférable. On fait sécher au grand air comme pour le bleu.

Nous avons décrit au même endroit le procédé par lequel on peut obtenir un beau bleu par la combinaison du prussiate de fer avec l'étoffe ; ce procédé, appliqué au coton préalablement teint en olive par le moyen de l'alumine et de l'oxide

(1) L'art du fabricant de velours de coton.

de fer, employés comme mordants, et d'une substance jaune colorante, lui donne un vert plus beau que celui que l'on peut obtenir par tout autre moyen. Dans cette opération, le fer se combine avec l'acide prussique et forme du bleu, pendant que l'alumine fait du jaune avec la substance colorante; et Bancroft a raison de combattre l'explication qu'on aurait donnée de cette production du vert, dans laquelle on ne fesait point entrer le concours de l'alumine (1).

Ce vert, qui résiste bien à l'action de l'air et de la lumière, est détruit par celle des alcalis, et il faut lui appliquer les observations qui ont été faites sur le bleu.

Le vert qu'on obtient en donnant une couleur jaune à une étoffe qui a été préalablement teinte en bleu et lavée après cela, n'offre rien d'obscur. La couleur incline plus ou moins au jaune ou au bleu, selon le degré du bleu qu'on a donné et selon la force du bain jaune. L'on augmente l'intensité du jaune par les alcalis, par le sulfate de chaux, par les sels ammoniacaux; on la diminue par les acides, l'alun, la dissolution d'étain. Les nuances varient encore par la nature de la substance jaune qui est employée.

On obtiendra des effets différents avec les mêmes ingrédients dans la formation du vert de

(1) Ann. de Chim. tom. XIII.

Saxe, selon le procédé que l'on suit : si l'on commence par teindre en bleu de Saxe, et qu'ensuite on donne séparément la couleur jaune, les effets seront analogues à ceux dont on vient de parler; mais si l'on mêle la dissolution d'indigo avec les ingrédients jaunes, les résultats ne sont pas les mêmes, parce que l'acide sulfurique agit alors sur les molécules colorantes, et qu'il affaiblit l'intensité du jaune.

On a même remarqué ci-devant que l'acide sulfurique, retenu par l'étoffe dans le bleu de Saxe, produisait toujours un peu cet effet; ce qui fait préférer le bois jaune aux autres ingrédients pour cette espèce de teinture.

Lorsqu'on teint une suite de nuances dans un bain composé du jaune et de la dissolution d'indigo, les dernières inclinent de plus en plus au jaune, parce que les molécules de l'indigo se fixent sur l'étoffe préférablement aux jaunes qui, par-là, deviennent dominantes dans le bain.

Quoique le sulfate de cuivre, et même le vert-de-gris dont on fait quelquefois usage pour teindre principalement le lin et le coton, aient une couleur bleue, ils donnent cependant à l'étoffe une nuance verdâtre, parce que l'oxide de cuivre qui s'y fixe prend cette couleur dans plusieurs circonstances, et particulièrement lorsqu'il est exposé à l'atmosphère. On fait passer cette couleur au jaune souci par le moyen d'une substance jaune.

CHAPITRE II.

Du mélange du rouge et du bleu.

On obtient de ce mélange le violet, le pourpre, le colombin, la pensée, l'amaranthe, le lilas, le mauve, et un grand nombre d'autres nuances qui sont déterminées par la nature des substances, dont on combine la couleur rouge avec une couleur bleue, desquelles l'une devient plus ou moins dominante sur l'autre, selon les proportions des ingrédients et les autres circonstances du procédé.

L'étoffe teinte en écarlate prend, selon l'observation de Hellot, une couleur inégale, lorsqu'on veut allier le bleu à sa couleur : l'on commence donc par le pied de bleu qui, même pour le violet et le pourpre, ne doit pas passer la nuance qu'on désigne par le *bleu d'azur*; on donne un bouillon avec l'alun mêlé à deux cinquièmes de tartre; ensuite on passe l'étoffe dans un bain composé avec à-peu-près les deux tiers autant de cochenille que pour l'écarlate, et l'on y joint toujours du tartre. Ce qui distingue le procédé du pourpre de celui du violet, c'est que, pour le premier, on donne un pied de bleu plus clair et l'on emploie une proportion un peu plus forte de cochenille. L'on teint souvent ces couleurs à la suite de la rougie de l'écarlate, en ajoutant les quantités de cochenille et de tartre qu'on juge nécessaires. L'opération s'exécute comme pour l'écarlate.

Les lilas, gorges de pigeon, mauves, etc. se passent ordinairement dans le bouillon qui a servi au violet, en y ajoutant de l'alun et du tartre : l'on a proportionné le pied de bleu à la nuance que l'on veut obtenir, et l'on y proportionne aussi la quantité de cochenille : pour quelques nuances rougeâtres, telles que la fleur de pêcher, on ajoute un peu de dissolution d'étain. Il faut remarquer que, quoiqu'on diminue la quantité de cochenille lorsque l'on veut obtenir une nuance claire, on ne diminue cependant pas la quantité du tartre, de sorte que sa proportion relativement à la cochenille est d'autant plus grande, que la couleur doit être moins foncée.

Poerner pense que, pour obtenir les couleurs qui résultent du rouge et du bleu, il y a de l'avantage à se servir de la dissolution d'indigo par l'acide sulfurique, parce qu'on peut plus facilement se procurer une grande variété de nuances, et parce que le procédé est moins long et moins dispendieux ; mais les couleurs qu'on obtient par-là sont bien moins solides que lorsqu'on fait usage du bleu de cuve ; cependant il prétend qu'elles ont assez de solidité, si l'on emploie de la dissolution d'indigo à laquelle on ajoute de l'alcali.

On peut varier facilement les effets, en donnant une préparation à l'étoffe avec différentes proportions d'alun et de tartre ou de dissolution d'étain, et en teignant avec différentes proportions de cochenille et de dissolution d'indigo.

On distingue deux sortes de violets sur la soie, le violet fin et le violet faux : le dernier se fait ou par le moyen de l'orseille ou par le moyen du bois de Brésil.

Pour le violet fin, on commence par teindre avec la cochenille et ensuite on passe à la cuve ; on prépare la soie et on lui donne le cochenillage comme pour le cramoisi, avec cette différence qu'on ne met dans le bain ni tartre ni dissolution d'étain, qui servent à exalter la couleur. On met plus ou moins de cochenille, suivant l'intensité de la nuance qu'on veut avoir. La dose ordinaire pour un beau violet est d'un huitième de cochenille relativement à la soie. Quand la soie est teinte, on la lave à la rivière en lui donnant deux battures ; on la passe ensuite sur une cuve plus ou moins forte, suivant la hauteur que l'on veut donner au violet; enfin on lave et on sèche avec les précautions qui conviennent à toutes les couleurs qui passent à la cuve. Pour donner plus de force et de beauté au violet, on le passe ordinairement sur le bain d'orseille ; et cet usage, dont on abuse souvent, est indispensable pour les nuances légères, parce que la couleur serait trop terne.

Lorsqu'on a teint la soie avec la cochenille, comme on vient de le dire, il faut pour le pourpre lui donner une nuance de bleu très-légère : on ne passe sur une cuve faible que les nuances les plus foncées; on se sert, pour celles qui le sont moins, d'eau froide, dans laquelle on met un peu de bain de cuve, parce qu'elles prendraient trop de bleu sur la cuve même, quelque faible qu'elle pût être. Les nuances claires de cette couleur, telles que le giroflée, le gris de lin, le fleur de pêcher se font de même en diminuant la proportion de la cochenille.

Les violets faux sur la soie se font de plusieurs manières; les plus beaux et les plus usités se préparent avec l'orseille. On proportionne la force du bain de l'orseille à la couleur que l'on veut avoir; on y lise la soie à laquelle on a donné une batture à la rivière au sortir du savon : lorsqu'on juge que la couleur est assez foncée, on en fait un essai sur la cuve pour voir si elle prend le violet qu'on desire. Si on la trouve à la hauteur convenable, on donne à la soie une batture à la rivière, et on la passe en cuve comme les violets fins; on donne moins de bleu ou moins de couleur d'orseille, selon que l'on desire que le violet incline au rouge ou au bleu.

On peut obtenir de beaux violets sur soie par le moyen de la dissolution d'indigo; mais ils ont peu de solidité et ils deviennent rougeâtres, parce que c'est la couleur de l'indigo qui se détruit la première.

On fait un violet sur la soie, en la passant, au lieu de l'aluner, dans une eau dans laquelle on a délayé du vert-de-gris; après quoi on lui donne un bain de bois de campêche : elle y prend une couleur bleue qu'on fait passer au violet, soit en ajoutant de l'alun au bain, soit en la passant dans une dissolution plus ou moins chargée d'alun, qui sert à donner une couleur rouge aux molécules du bois de campêche. Il n'est pas besoin d'avertir que ce violet est très-fugitif, et il est d'une beauté médiocre : l'on en fait un qui a plus de beauté et auquel on peut donner beaucoup d'intensité en passant la soie alunée dans un bain de bois de Brésil et après l'avoir lavée à la rivière, dans un bain d'orseille.

On se sert aussi de la garance pour teindre le drap, après lui avoir donné un pied de bleu.

C'est par ce moyen qu'on obtient la couleur de roi, le minime, l'amaranthe obscure; on joint ordinairement de la noix de galle à la garance, et pour les nuances claires, du brésil. On donne aux nuances foncées une bruniture plus ou moins forte avec la dissolution de sulfate de fer. Ces couleurs sont plus belles lorsqu'on mêle à la garance du kermès et sur-tout de la cochenille.

En employant la dissolution d'indigo avec la garance de la même manière qu'avec la cochenille, l'on peut, selon Poerner, faire des couleurs brunes, qui tiennent d'autant plus du rouge, que l'on emploie moins de dissolution d'indigo; l'alun et le tartre peuvent servir à la préparation; mais l'alun ne doit pas entrer dans le bain.

Poerner se sert du bois de Brésil et de la dissolution d'indigo pour obtenir différentes couleurs qui tirent plus ou moins sur le bleu et sur le rouge par un procédé semblable à celui qui a été indiqué pour la cochenille et pour la garance. Ces couleurs sont belles, mais on ne peut espérer d'obtenir par ce moyen des couleurs solides. Les ingrédients qui leur procurent le plus de fixité sont le sulfate de chaux, le sulfate de zinc ou vitriol blanc, l'acétate de cuivre ou les cristaux de verdet, qu'il faut ajouter dans le bain.

On se sert encore de bois de campêche pour

obtenir les couleurs de prune, pruneau, pourpre et d'autres nuances. Ce bois joint à la noix de galle donne toutes ces couleurs avec beaucoup de facilité sur la laine préalablement teinte en bleu. Lorsqu'on veut les brunir, on les rabat avec un peu de sulfate de fer, et l'on parvient par ces moyens à des nuances qui sont beaucoup plus difficiles à saisir par des ingrédients plus solides, mais elles ont peu de solidité : cependant on est parvenu à tirer du campêche et du fernambouc des couleurs solides qui ont été fort recherchées. On doit à Décroizille, qui s'occupe des arts avec les lumières d'un savant chimiste, les détails suivans sur le procédé dont on fait usage, et dont on a donné des descriptions inexactes.

« Giros de Gentilly, écrivait-il à l'auteur de « la première édition, est le premier qui ait fait « réussir en France la teinture en grand du bois « violet fixé par la dissolution d'étain. Il fit les « premiers essais à Louviers, chez Petou neveux « et Frigard, il y a douze ans environ. Au moyen « de ce qu'il avait laissé transpirer sur les ingré- « dients de son mordant, je parvins à l'imiter « passablement. Je fesais une dissolution d'étain « dans l'acide sulfurique, puis j'y ajoutais du « muriate de soude, du tartrite acidule rouge « de potasse et du sulfate de cuivre. Mes succès

« furent assez grands pour déterminer Giros à « me proposer une association dans le commerce « très-lucratif qu'il en fesait à Louviers, Elbeuf, « Abbeville, Sedan et dans le pays de Liége. Giros « m'apprit alors une manière bien plus com- « mode d'opérer cette combinaison ; elle consiste « à faire une dissolution d'étain dans un mélange « d'acide sulfurique, de muriate de soude et « d'eau ; à cette dissolution on a ajouté le tar- « trite et le sulfate pulvérisé. Nous ne fesions « pas moins de 1500 pintes de ce mordant en « vingt-quatre heures, dans un seul vase de « plomb médiocrement échauffé. Nous avons « continué très-fructueusement ce commerce à « raison de 30 sols la livre pendant trois ans, « après lesquels il a toujours été en déclinant « jusqu'à son entière extinction pour nous. Voici « par quelle cause : Giros ayant laissé transpirer « son secret, nous eûmes des imitateurs, qui « firent d'abord moins bien, puis mieux que « nous. Dans une combinaison aussi surcompo- « sée que celle-ci, dans une opération aussi obs- « cure encore que celle de la fixation des ma- « tières colorantes, il est presqu'impossible de « trouver la perfection autrement que par des « tâtonnements qui peuvent varier à l'infini, par « les doses respectives et sur-tout par le *modus* « *agendi*, et cela beaucoup plus que ne l'imagineraient d'abord des chimistes qui ne se seraient pas si long-temps occupés de cet objet que moi. Je ne rougis donc point d'avouer que j'ai été forcé d'abandonner cette partie, tandis que je voyais et vois encore des personnes qui ne sont nullement chimistes et qui en tirent un bénéfice fort honnête. Ce qui m'a déterminé à l'abandonner totalement, ça été l'occasion du nouveau procédé de blanchiment des toiles, à la perfection duquel je me suis presqu'entièrement livré.

« Après vous avoir donné l'historique du mordant de prune de monsieur, voici la manière de l'employer et ses effets.

« Si c'est de la laine non filée qu'on veut teindre, il faut le tiers de son poids en mordant; si c'est une étoffe, il n'en faut qu'un cinquième. On prépare un bain à la chaleur que la main peut encore supporter; on y délaye bien le mordant; on y plonge la laine ou l'étoffe : on agite convenablement, on entretient le même degré de chaleur pendant deux heures, on l'augmente même un peu sur la fin; on lève ensuite, on évente et on lave très-exactement; on prépare un nouveau bain d'eau pure à la même chaleur, on y ajoute une quantité suffisante de décoction de bois violet, on abat, on agite, on pousse le feu jusqu'au bouillon

« pour l'entretenir ainsi pendant un quart-
« d'heure ; puis on lève, on évente et on rince
« exactement : la teinture est alors finie. Si on
« a employé la décoction d'une livre de bois vio-
« let de campêche sur trois livres de laine et à
« proportion sur les étoffes, (celles-ci en deman-
« dant une moindre dose), on a un beau violet,
« auquel une quantité suffisante de décoction de
« bois rouge de Fernombouc donne la nuance
« connue sous le nom de *prune de monsieur.*

« Les matières colorantes susceptibles de se
« fixer avec avantage sur la laine par ce mor-
« dant, sont celles des bois violets et rouges et
« du bois de fustet. Le bois jaune donne encore
« des couleurs passables. La couleur donnée ainsi
« par les bois violets et rouges est susceptible
« d'altération au foulon à cause du savon ou de
« l'urine, et cette altération, toujours produite
« par les substances alcalines, trouve son re-
« mède dans un bain très-légérement acide et
« un peu plus que tiède qu'on appèle *avivage*:
« l'acide sulfurique est préféré. La couleur re-
« vient aussi foncée, et souvent plus brillante
« qu'avant son altération. Les laines teintes par
« ce mordant sont susceptibles d'une plus belle
« filature et de plus d'extension que par l'alun.
« En supprimant le sulfate de cuivre, on obtient
« des bois de fustet et jaunes de plus belles cou-

« leurs ainsi que de la gaude. La garance donne « alors une couleur orange rouge, mais moins « foncée qu'à dose égale avec l'alun ; la suppres- « sion du sulfate de cuivre rend les laines beau- « coup plus dures, et d'ailleurs le mordant ainsi « préparé ne donne que des couleurs mesquines « avec le bois violet et sur-tout avec le rouge. « Un des grands défauts de ce mordant, avant « qu'il eût été perfectionné, étoit et est encore « souvent, de mal unir les couleurs ; toutes les « fois que celles-ci sont bien unies, elles sont « toujours très-belles, très-saines et très-douces. « Ce procédé réussit également sur la soie. En « remplaçant le sulfate de cuivre par l'acétate de « plomb, on réussit passablement sur le coton « et le fil préalablement engallés ; l'usage et le « transport de ce mordant sont incommodes à « cause du dépôt pesant qui se forme à moitié « hauteur sous une liqueur corrosive qui ne « permet que l'emploi des vases de terre cuite « en grès. J'ai cependant un moyen de rémedier « à ces inconvénients, en supprimant tout-à- « fait l'eau de la recette, au moyen de quoi je « n'ai qu'une espèce de pâte d'un emploi beau- « coup plus commode et moins coûteux de deux « cinquièmes pour le transport. Actuellement « que le muriate de soude est à bas prix, il pourra « bien se faire que je me remette à fournir à

« nos teinturiers de ce mordant, meilleur à mon
« gré que celui qu'on leur fournit, et sur-tout
« à beaucoup meilleur marché; mais pour cela
« il faut que je me sois livré encore pendant
« quelque temps à la composition et emploi de
« votre lessive ».

Fabroni a donné pour fixer sur la soie la couleur du brésil et du campêche, un procédé que nous empruntons de Hermstadt, et qui a beaucoup de rapport avec celui dont nous devons la description à Décroizille. Il consiste à se servir pour mordant d'un mélange de muriate d'étain, de sulfate de cuivre et de tartre; on ajoute au bain de l'infusion de noix de galle ou d'écorce d'aulne: on fait varier les proportions de ces substances selon la nuance que l'on veut obtenir; pour les nuances claires, on ajoute un peu d'acide muriatique.

Lorsque l'on emploie de la dissolution sulfurique d'indigo, l'acide sulfurique agit différemment sur la substance rouge dont on se sert; il change peu la couleur de la cochenille qu'on avait d'ailleurs disposée à prendre une couleur cramoisie par une préparation avec l'alun, mais il doit donner une couleur fauve à la garance sur laquelle les acides produisent facilement cet effet, et il est invraisemblable que cette substance puisse être employée avec succès dans ce procédé; il vaut mieux s'en servir pour teindre l'étoffe à laquelle on a donné auparavant un pied de bleu. Le brésil et le campêche doivent aussi être peu propres à donner de belles couleurs avec la dissolution sulfurique d'indigo, parce que les acides les font de même passer au jaune, quoique d'une manière moins décidée; mais ils retiennent, comme on l'a déjà fait remarquer, leur couleur rouge, lorsqu'on en précipite les parties colorantes par l'oxide d'étain.

S'il est permis d'avoir une opinion sans être guidé par des expériences directes sur un procédé compliqué, tel que celui qui a été communiqué par Décroizille, et qui est encore employé avec avantage dans quelques manufactures avec des modifications que nous ne connaissons pas, nous proposerions cette explication.

Le muriate de soude est décomposé par l'acide sulfurique, et l'acide muriatique qui est mis en liberté dissout l'étain : une partie de l'étain est précipitée par l'acide tartareux, d'où vient le dépôt qu'on observe; mais une partie qui reste en dissolution sert à modifier l'effet, comme nous avons vu pour la cochenille : l'oxide de cuivre qui se trouve dans cette préparation, forme du bleu avec les parties colorantes du campêche; l'oxide d'étain avec le même bois donne du violet et du rouge avec les parties colorantes du fernambouc. Décroizille observait que l'on pourrait facilement parvenir à une préparation propre à remplir son objet, en essayant différents mélanges et différentes proportions avec le muriate d'étain ; c'est ce qu'a fait Fabroni.

Le mélange direct des couleurs bleue et rouge ne donne sur les fils et les étoffes de coton qu'une nuance sombre et sans éclat, et qui approche du noir pour peu que ces couleurs soient foncées. Mais, si après avoir donné un bleu clair à une étoffe de coton, on teint en rose avec le carthame, on produit un bleu turquin vif et qui passe assez promptement à cause du peu de solidité de la couleur du carthame.

Chaptal a cependant obtenu un violet assez agréable en teignant en bleu des cotons rouges, pour la préparation desquels il avait diminué les quantités d'huile et de noix de galle, et augmenté au contraire celle de l'alun ainsi que la force de l'avivage. Il a cherché, par un grand nombre d'expériences, à donner au coton une couleur violette qui ne le cédât ni en solidité ni en éclat au rouge qu'on fesait dans ses ateliers ; et après avoir été conduit par ses recherches à une grande variété de procédés, qui donnaient avec plus ou moins de facilité la couleur qu'il desirait, il s'est arrêté au suivant, comme étant de l'exécution la plus simple et la plus sûre.

On prépare le mordant pour 100 kilogrammes

de coton avec 25 kilogrammes de sulfate de fer et 6 kilogrammes d'acétate de plomb ; on sépare la liqueur claire du dépôt qui s'y est formé, on y passe avec grand soin et le plus chaud qu'il est possible, le coton qui a reçu trois huiles comme pour le rouge d'Andrinople. En sortant du bain, on le tord et on le travaille bien ; dès qu'il a pris par refroidissement la teinte chamois, on le lave fortement, on l'exprime et on le sèche en l'étendant très-clair. Pour le teindre, on emploie un poids égal de garance ; lorsque le bain est tiède, on y plonge le coton, on le tourne en augmentant graduellement le feu sans faire bouillir. Dès que le coton est devenu d'un noir bleuâtre, on le retire et le lave ; on l'avive ensuite au savon pendant 15 à 20 minutes.

Pour le violet foncé, il prend du coton qui n'a reçu que deux huiles ; il le passe au même mordant et avec les mêmes soins. Il ajoute un seau de sang au bain de garance, et tire le coton lorsqu'il est prêt à bouillir, le lave et le garance une seconde fois avec le double de garance et un seau de sang. Il laisse bouillir le bain un quart-d'heure ; et après avoir lavé le coton, il l'avive avec 40 kilogram. de savon, en fesant bouillir l'avivage pendant un quart-d'heure, et quelquefois plus d'une heure, selon qu'il voit que la couleur s'appauvrit ou prend de l'éclat.

En ajoutant 5 kilogram. d'alun au mordant

précédent, le violet est plus brillant. Il s'est servi avec avantage de la dissolution de fer par l'acide pyro-ligneux.

Il recommande, pour avoir des couleurs unies et qui pénètrent bien, d'employer le mordant très-limpide et le plus chaud possible; de laver en sortant du mordant; de sécher promptement et également, et de ne point faire bouillir le bain de garance lorsqu'on veut conserver beaucoup d'éclat à la nuance. Enfin il observe que la soude fait tourner la couleur au rouge, et que le savon fait dominer le bleu; de sorte qu'on peut, en employant des proportions différentes de ces substances, varier les nuances du coton dans l'avivage, et ramener, par exemple, des cotons noirâtres au violet en employant des lessives seules, tandis que s'ils tirent au rouge, on ne doit employer que le savon seul.

Pour faire les violets sur toile peinte, on imprime de l'acétate de fer étendu d'eau, et l'on garance. Cette couleur se dégrade moins facilement dans le bain de teinture, que les rouges. On peut aussi l'y faire bouillir plus long-temps pour faire monter les nuances foncées. Le bain se salit beaucoup; la couleur en sort très-terne, et elle ne prend d'éclat que par les expositions sur le pré et l'ébullition dans l'eau de son; il est même rare que le blanc redevienne beau; mais on prévient ces inconvénients en bouzant à une chaleur forte qui agit moins sur ce mordant que sur celui qui est employé pour les rouges.

On imprime pour le lilas un mordant composé d'acétate de fer très-étendu, mêlé d'une petite quantité d'acétate d'alumine.

Le coton en écheveaux, teint par les mêmes procédés, prend difficilement une nuance agréable, et jamais la couleur n'a la solidité de celle qui est produite par les procédés de Chaptal.

La méthode la plus ordinaire pour teindre en violet le fil et le coton, consiste à donner d'abord sur la cuve un pied de bleu proportionné à la nuance qu'on desire, et à le faire sécher. On engalle ensuite à raison de trois parties de noix de galle par seize parties de matière; on laisse pendant 12 ou 15 heures dans le bain de noix de galle, après lesquelles on tord et on fait sécher. On passe après cela le fil et le coton dans une décoction de bois de campêche, et quand il est bien imbibé, on le relève et on ajoute à ce bain $\frac{1}{66}$ d'alun et $\frac{1}{128}$ de vert-de-gris délayé; on replonge les écheveaux passés sur les bâtons, et on les lise pendant un bon quart-d'heure; on les retire ensuite pour les laisser éventer à l'air, puis on les replonge entièrement dans le bain pendant un quart-d'heure, après lequel on les relève et on les tord. Enfin on vide le baquet qui a servi à cette teinture, on y verse une moitié de la décoction de bois de campêche qu'on a réservée, on y ajoute autant d'alun que dans la première opération, et l'on y passe de nouveau le fil jusqu'à ce qu'il soit à la nuance convenable. La décoction de bois de campêche doit être plus ou moins chargée, selon la nuance plus ou moins foncée que l'on veut avoir : ce violet résiste passablement à l'air, mais il ne peut être comparé pour la solidité à ceux que l'on vient de décrire, ni même au suivant.

On décreuse le coton ou le lin comme à l'ordinaire; on prépare un mordant composé pour chaque kilogramme de quatre litres de tonne au noir et de huit litres d'eau; on fait bouillir et on enlève l'écume qui se forme : lorsqu'il n'en paraît plus, on verse la liqueur dans un baquet, et quand elle n'est plus que tiède, on y délaye 122 grammes de sulfate de cuivre et 30 grammes de salpêtre; on y laisse après cela tremper les écheveaux pendant dix à douze heures, puis on les tord et on les fait sécher. Lorsqu'on veut garancer, on les lave avec soin, et on les passe dans un bain de garance. Si on veut le violet foncé, on ajoute au mordant 61 grammes de vert-de-gris; on fonce encore plus la couleur en engallant le fil plus ou moins avant de le passer au mordant, et en supprimant le salpêtre. Si l'on augmente la dose de ce dernier, et si on diminue celle du sulfate de cuivre, le violet tire plus sur le lilas. On peut encore modifier les mordants de différentes manières, pour produire un grand nombre de nuances.

CHAPITRE III.

Du mélange du rouge ou du jaune.

On n'a pas cru devoir séparer, en traitant de la cochenille, les opérations qui se succèdent ordinairement dans les ateliers, et on a décrit les principales nuances qu'on obtient par le mélange du rouge de la cochenille et du jaune. Ces nuances peuvent recevoir une infinité de modifications par les différentes proportions des ingrédients, par les substances jaunes que l'on choisit, par les préparations que l'on donne au drap, par les mordants que l'on ajoute au bain de teinture. Ainsi Poerner décrit un grand nombre de variétés qu'il a obtenues en employant la gaude, la sarrette, la génestrole et d'autres substances jaunes, et en fesant entrer dans la préparation du drap ou dans le bain, du tartre, de l'alun, du sulfate de zinc, du sulfate de cuivre.

On peut de même obtenir différentes couleurs de la garance qu'on allie à des substances jaunes. C'est ainsi que l'on teint les mordorés et les canelles ; ces couleurs se font ordinairement en deux bains. L'on commence par le garançage, que l'on fait précéder d'un bouillon d'alun et de tartre, comme pour le garançage ordinaire ; ensuite on donne un bain de gaude.

Pour le canelle on donne un garançage moins fort, et ordinairement on se sert d'un bain qui a servi au mordoré. On varie les proportions selon que l'on veut faire dominer le rouge ou le jaune ; quelquefois on mêle de la noix de galle et quelquefois on fonce la couleur par une bruniture.

Quelquefois on a seulement le dessein de donner un ton rougeâtre ou jaune ; on peut alors passer l'étoffe qui vient d'être teinte en jaune dans un bain de garance plus ou moins chargé, selon son intention.

On se sert aussi du bois de Brésil avec les substances jaunes, et quelquefois on l'allie à la cochenille et à la garance.

Lorsqu'au lieu de gaude ou d'autres substances jaunes on se sert de racine de noyer, de brou de noix ou de sumac, on obtient des couleurs de tabac, de châtaigne, de musc, etc.

Les marons, les canelles et toutes les nuances intermédiaires se font sur la soie par le moyen du bois d'Inde, du brésil et du fustet.

On cuit la soie à l'ordinaire, on l'alune, et on

prépare un bain en mêlant les décoctions des trois bois que l'on vient de nommer, lesquelles ont été faites séparément ; l'on varie la proportion de chacune selon la nuance que l'on veut obtenir ; cependant celle de fustet doit dominer : le bain doit être d'une chaleur tempérée. On lise la soie sur le bain ; et lorsqu'il est tiré et que la couleur est unie, on la tord et on la passe dans un second bain des trois ingrédients, qu'on proportionne selon l'effet du premier bain, pour obtenir la nuance que l'on veut.

Le mélange du rouge et du jaune ne présente pas d'observations particulières à celles qui ont été exposées dans les deux chapitres précédents.

Pour quelques couleurs on allie le bleu au rouge et au jaune ; c'est ainsi que l'on fait les olives. On donne un pied de bleu, puis on passe à la teinture jaune, enfin on donne un léger garançage. La nuance qui résulte de cette opération dépend de la proportion des trois couleurs dont elle est composée ; pour les nuances foncées on donne une bruniture avec une dissolution plus ou moins chargée de sulfate de fer.

On ne se sert pas du bleu de cuve pour faire les olives sur soie, mais apr. l'alunage, on passe la soie sur un bain très-fort de gaude ; après cela on ajoute à ce bain du jus de bois d'Inde ; et lorsqu'on y a passé la soie, on y mêle un peu de dissolution alcaline qui le verdit et lui fait prendre une couleur olive. On passe de nouveau la soie sur ce bain jusqu'à ce qu'elle ait pris la nuance convenable. Pour la couleur qu'on appelle *olive rousse* ou *olive pourrie*, après le gaudage, on ajoute dans le bain du fustet et du bois d'Inde sans alcali : si on veut que la couleur soit plus rougeâtre, on ne met que du bois d'Inde. On fait aussi une espèce d'olive rougeâtre en teignant la soie dans un bain de fustet auquel on ajoute plus ou moins de sulfate de fer et de bois d'Inde.

On fait selon le Pileur d'Apligny un bel olive sur fil et coton en fesant bouillir dans une suffisante quantité d'eau quatre parties de gaude sur une de potasse; on fait bouillir à part avec un peu de vert-de-gris, du bois de Brésil qu'on a fait tremper la veille; on mêle les deux dissolutions en proportions différentes, suivant les nuances qu'on desire, et on y passe le fil ou le coton.

Les couleurs qui résultent du mélange du jaune avec le rouge, comme le coquelicot, le brique, le capucine, etc. s'obtiennent sur toiles peintes à l'aide de la gaude et de la garance : on imprime pour mordant de l'acétate d'alumine; on garance légèrement et on finit par le gaudage.

Pour varier les nuances, il suffit d'augmenter ou de diminuer la durée de l'une des deux teintures, ou la proportion des matières que l'on y emploie. Ces procédés sont applicables à la teinture du coton en écheveau.

CHAPITRE IV.

Des couleurs qui résultent du mélange du noir avec les autres couleurs et des brunitures.

On a décrit les procédés par lesquels on obtient les dégradations du noir qui forment les différentes nuances de gris ; on a fait voir qu'on pouvait y mêler des nuances étrangères, et les faire incliner vers quelques couleurs ; mais le noir est employé souvent avec des couleurs qui doivent rester dominantes, et qui doivent seulement être rembrunies : en même tems elles prennent plus de solidité. Dans le cours de cet ouvrage on a souvent indiqué que l'on donnait une brunitûre à certaines couleurs ; mais ce chapitre est destiné à traiter particulièrement de cette opération et des ressources qu'elle présente à l'art, quelquefois pour imiter des couleurs que l'on peut obtenir par d'autres moyens, quelquefois pour produire des couleurs nouvelles.

Pour faire une brunitûre, on fait quelquefois passer l'étoffe qui vient de recevoir une teinture dans une dissolution de sulfate de fer à laquelle on a mêlé un astringent, et qui forme par conséquent un *bain de noir;* plus souvent on ajoute dans un bain d'eau une petite quantité de dissolution de fer, et on y en met jusqu'à ce que l'étoffe teinte que l'on y passe soit montée à la nuance qu'on desire : plus rarement on ajoute du sulfate de fer au bain de teinture, mais l'on obtient avec plus de précision l'effet qu'on desire en passant l'étoffe colorée dans la dissolution de sulfate de fer. Poerner fait souvent macérer l'étoffe dans une dissolution de sulfate de fer à laquelle il ajoute quelquefois d'autres ingrédients, et au sortir de ce mordant il la passe dans un bain de teinture.

Le premier moyen est employé pour les marrons, cafés, pruneaux et autres nuances de bruns d'une teinture commune ; on leur donne une couleur plus ou moins foncée, selon la couleur qu'on a dessein d'obtenir par la bruniture, ensuite on fait un bain avec la noix de galle, le sumac et l'écorce d'aune, et on y ajoute du sulfate de fer. On y passe d'abord les étoffes qui doivent être plus claires ; et lorsqu'elles sont achevées, on y passe celles qui doivent être plus brunes, en ajoutant, à chaque opération, une quantité de sulfate de fer proportionnée à l'objet qu'on se propose.

Les autres brunitures n'offrent rien de particulier pour l'opération ; on va choisir quelques exemples des effets qu'on obtient et indiquer quelques procédés particuliers.

Il a été dit dans la premiere section de cette seconde partie, que, pour plusieurs espèces de gris, on donnait un léger pied de bleu. Poerner fait des gris bleuâtres en employant la dissolution sulfurique d'indigo qu'il mêle à une décoction de noix de galle avec du sulfate de fer, et il varie les nuances par les différentes proportions de ces trois ingrédients. Il obtient d'autres nuances en ajoutant du sulfate de fer à un bain composé de cochenille, de bois jaune et de noix de galle.

Pour la couleur de roi, l'on donne un pied de pastel de bleu de ciel, on teint avec la gaude et un sixième de noix de galle, et on donne une bruniture avec la dissolution de sulfate de fer.

On fait le marron et les couleurs qui en approchent avec le santal, la noix de galle et une bruniture; on ajoute quelquefois du fernambouc: l'on donne à ces couleurs une tendance au pourpre et au cramoisi, en les teignant dans une suite de cochenille, ou en ajoutant un peu de garance ou de cochenille dans le bain; on éclaircit la couleur par le moyen d'un peu de tartre.

Pour les noisettes, on allie la noix de galle, le bois jaune, le bois d'Inde; on y ajoute plus ou moins de garance et un peu d'alun.

Le bois de campêche et le bois de Fernambouc

étant employés à parties égales ou dans d'autres proportions, donnent différentes couleurs brunes assez solides, lorsqu'on mêle à leur décoction plus ou moins de dissolution de fer et que l'on y teint la laine préalablement alunée et engallée : cependant ces couleurs ne peuvent se comparer avec les précédentes sous le rapport de la solidité.

On peut donner aux couleurs précédentes différentes nuances de mordorés et de capucines, en les passant, au sortir de la teinture, dans un bain de rocou.

On obtient une grande variété de nuances par le mélange du bois de Brésil, de celui de campêche, de l'orseille, de la noix de galle et par une bruniture avec le sulfate de fer; mais ces nuances sont toutes plus ou moins fugitives, quoiqu'elles aient un éclat séduisant.

Lorsqu'on passe une étoffe qui a reçu une couleur dans un bain de noir plus ou moins délayé, l'effet qu'on obtient est simple; c'est une nuance de noir plus ou moins foncée qu'on allie à la première couleur.

Il n'en est pas de même lorsqu'on passe l'étoffe colorée dans une dissolution de sulfate de fer; alors les parties colorantes qui sont fixées sur l'étoffe agissent sur le sulfate de fer, prennent une partie de son oxide et la combinent avec elles et avec l'étoffe : la couleur qui résulte de cette combinaison est plus ou moins foncée, non pas selon la couleur propre aux parties colorantes, mais principalement selon l'action qu'elles exercent sur l'oxide métallique conformément aux principes établis dans la première partie : ainsi le bois de Fernambouc et le bois de campêche qui entreront dans une couleur, produiront un effet beaucoup plus marqué dans la bruniture que la garance et la cochenille ; la noix de galle et le sumac en produiront un encore plus considérable, quoiqu'ils n'eussent influé sur la couleur primitive que par la couleur fauve.

Si l'on mêle un bain de noir ou si l'on forme une teinture noire, soit dans le mordant, soit dans le bain de teinture, les ingrédients qui se trouvent mêlés avec les substances colorantes modifient le résultat de l'opération par l'action qu'ils exercent sur les molécules noires ; ainsi l'alun, la dissolution d'étain, la dissolution d'indigo affaibliront l'effet qu'auraient produit les molécules noires : tous les acides agissent de même, excepté l'acide acétique et quelques acides végétaux analogues qui n'ont pas la propriété de dissoudre les molécules noires : il paraît que le nitre peut les dissoudre, puisqu'il rend plus claires les couleurs pour lesquelles on en fait usage.

Comme les meilleures couleurs qu'on puisse donner au lin et au coton sont tirées de la garance, il faut faire attention aux moyens qui ont été donnés en traitant de la garance pour rendre cette teinture plus solide, et l'on pourra en foncer la couleur par différents bains de noir.

Pour quelques couleurs de noisettes et de tabac, on donne avec la suie une bruniture après le gaudage et le bain de garance, auquel on a joint de la noix de galle et du bois jaune; quelquefois on mêle la suie à ce bain, et l'on donne encore une bruniture avec la dissolution de sulfate de fer.

Le brou de noix est substitué quelquefois aux dissolutions de fer pour rembrunir les couleurs. Il présente un grand avantage pour les laines destinées aux tapisseries; sa teinte ne jaunit pas par une longue exposition à l'air, comme il arrive aux brunitures qui sont dues au fer; mais elle se conserve très-long-temps sans altération : il est vrai qu'elle a un ton morne qui convient aux ombres et aux carnations de vieillards, et qui ne produirait que des couleurs tristes et sans éclat pour les étoffes; cependant la bonté de cette couleur et son bas prix devraient en étendre l'usage pour les couleurs sombres que la mode fait rechercher quelquefois, au moins pour les étoffes communes.

On fait aux Gobelins, par le moyen de cette bruniture, un grand nombre de nuances : pour s'en procurer un assortiment, on donne d'abord aux laines filées un bouillon avec le tartre et l'alun inégalement fort, selon les nuances auxquelles elles sont destinées ; ensuite on les teint successivement en rouge, en jaune ou en quelqu'autre couleur, en revenant au bain dont on veut obtenir plus d'effet. Quand l'on trouve la couleur au point que l'on desire, on la passe plus ou moins long-temps dans le bain de brou de noix auquel on donne une force proportionnée à son objet. On se sert aussi de cette bruniture pour la soie, mais il faut que le bain soit à peine tiède, pour éviter les inégalités auxquelles elle est très-sujette.

Pour les différentes nuances de marron, on engalle le coton, on le passe, avec la manipulation ordinaire, dans une eau dans laquelle on a versé une quantité plus ou moins grande de tonne au noir ; on le travaille ensuite dans un bain où l'on a délayé du vert-de-gris ; on lui donne un gaudage : on teint dans un bain de bois jaune auquel on ajoute quelquefois de la dissolution de soude et d'alun. Après avoir bien lavé le coton qui a reçu ces préparations, on lui donne un bon garançage ; on le passe ensuite dans une légère dissolution de sulfate de cuivre, et enfin dans une eau de savon.

On donne au lin et au coton les couleurs canelle et mordoré, en commençant à les teindre avec le vert-de-gris et la gaude ; on les passe ensuite sur une dissolution de sulfate de fer qu'on appèle *bain d'assurage ;* on les tord et on les fait sécher. Lorsqu'ils sont secs, on les engalle à raison de 122 grammes de noix de galle par kilogramme ; on les sèche encore, on les alune comme pour le rouge, et on les garance. Lorsqu'ils sont teints et lavés, on les passe sur une eau de savon très-chaude ; on les lise jusqu'à ce qu'ils soient suffisamment avivés : quelquefois on ajoute de la décoction de bois jaune à l'alunage.

En prenant du coton qui avait reçu les preparations nécessaires pour le rouge d'Andrinople, et qui avait été engallé, le passant dans du nitrate de fer, l'engallant de nouveau et l'alunant, Chaptal a obtenu un joli nacarat. Il prépare le nitrate de fer avec l'eau-forte du commerce, étendue de moitié d'eau, dans laquelle il plonge des morceaux de fer, qu'il retire, lorsqu'il s'aperçoit que la dissolution se ralentit : la liqueur est alors d'un rouge jaunâtre, fortement acide, et marque à l'aréomètre de 40 à 45 degrés.

Si, après avoir engallé du coton passé aux huiles, on l'alune dans un bain auquel on a ajouté un huitième du poids du coton, de cette dissolution de fer, le coton sort noir, et il devient violet pruneau par le garançage et l'avivage.

Chaptal obtient une suite de nuances en passant dans un mordant composé d'alun, de sulfate de fer et d'acétate de plomb, le coton qui a reçu deux ou trois huiles, et en fesant varier les proportions des sels qui entrent dans sa composition. Ainsi, avec trois parties d'alun, deux d'acétate de plomb et une de sulfate de fer, en garançant deux fois, et en avivant avec 25 kilogrammes de savon, il produit un pruneau qui tire vers le rouge : il a au contraire un pruneau qui tire vers le violet, en engallant avec de la noix de galle et du sumac, passant dans un mordant préparé avec 122 grammes d'alun, 122 grammes de sulfate de fer, 61 grammes d'acétate de plomb, 30 grammes de muriate d'ammoniaque et autant de soude, dissous dans deux kilogrammes d'eau, en garançant, passant dans une lessive bouillante qui marque deux degrés, et avivant au savon.

Il a profité de la difficulté avec laquelle le coton aluné et séché s'imprègne d'eau, pour le teindre à-la-fois en deux couleurs qui produisent l'effet de petites chinures très-rapprochées et très-irrégulières. Pour cela, après avoir engallé, aluné et séché du coton qui a passé aux huiles, il le lave et le sèche de nouveau; puis il le passe légérement à l'un des mordants précédents. Le duvet seul se colore en noir, et le fil reste gris; après le garançage et l'avivage, celui-ci est rouge, et le duvet a pris la couleur violette. Les cotons teints de cette manière sont très-agréables : employés au tissage, ils produisent des étoffes dont les reflets varient et prennent des teintes différentes, selon la position où on les met relativement à l'œil.

Dans la fabrication des toiles peintes, on obtient de la garance les couleurs qui résultent du mélange du rouge et du noir : elles ont pour mordants des mélanges à différentes proportions d'acétate de fer et d'acétate d'alumine.

En imprimant un mordant composé de parties égales d'acétate de fer oxidé (bouillon noir) et d'acétate d'alumine concentrés, on a par le garançage un mordoré foncé : une partie d'acétate de fer et deux d'acétate d'alumine donnent un mordoré moins sombre, qui tire vers le puce. En augmentant la quantité d'acétate d'alumine, la nuance approche de plus en plus du rouge ; et en ne mettant enfin qu'environ $\frac{1}{12}$ d'acétate de fer, on a la couleur amaranthe. Si, au contraire, on augmente la proportion d'acétate de fer, on produit des bruns.

Cette couleur est celle qui exige le plus de garance. On peut faire bouillir plus que pour les rouges, mais pas autant que pour les violets, parce que la partie de la matière colorante, qui est combinée avec l'alumine, résistant moins à une ébullition prolongée que celle qui a l'oxide de fer pour mordant, on dégrade la nuance, et on n'obtient, au lieu d'une couleur nourrie et bien montée, qu'une couleur pauvre et inégale. On doit aussi faire grande attention à mettre dans le bain une quantité suffisante de garance pour saturer tout le mordant : on ne peut jamais obtenir sans cela une couleur unie, car le bain se trouve épuisé et quelques parties seraient saturées avant que d'autres parties aient pu prendre la nuance qui convient. Il est bon, pour pouvoir se diriger et pour saturer plus complètement le mordant, de garancer en deux fois. On laisse à peine bouillir le bain la première fois, et d'après la nuance que la toile a prise, on détermine la quantité de garance à employer dans le second garançage. Lorsque la toile doit porter, outre le mordoré, des couleurs légères, on ne doit les imprimer qu'après le premier garançage, parce que la chaleur du bain dans les deux garançages les dégraderait.

Les mordorés ont une nuance plus agréable lorsqu'avant de les garancer on les a teints avec à-peu-près moitié de la quantité de gaude ou de quercitron qu'on eût employée si on eût voulu les teindre seulement avec ces substances. Les mordants pour le mordoré et le puce donnent avec l'une et l'autre les nuances olive, bronze, terre d'Egypte, etc. Dans ce cas, il suffit pour rendre le blanc de passer au son en sortant de la chaudière, et de les exposer environ huit jours sur le pré en les relevant une seule fois dans cet intervalle pour les laver et les battre. La couleur a plus d'éclat, lorsqu'avant de sécher la toile on la passe dans l'eau acidulée par l'acide sulfurique d'une manière presqu'insensible au goût.

On peut employer ces procédés pour la teinture du coton en écheveaux. On doit alors prendre les plus grandes précautions pour imprégner et sécher très-également le coton ; car on éprouve beaucoup de difficultés à empêcher que quelques parties ne se chargent inégalement de l'un ou de l'autre des mordants.

FIN.

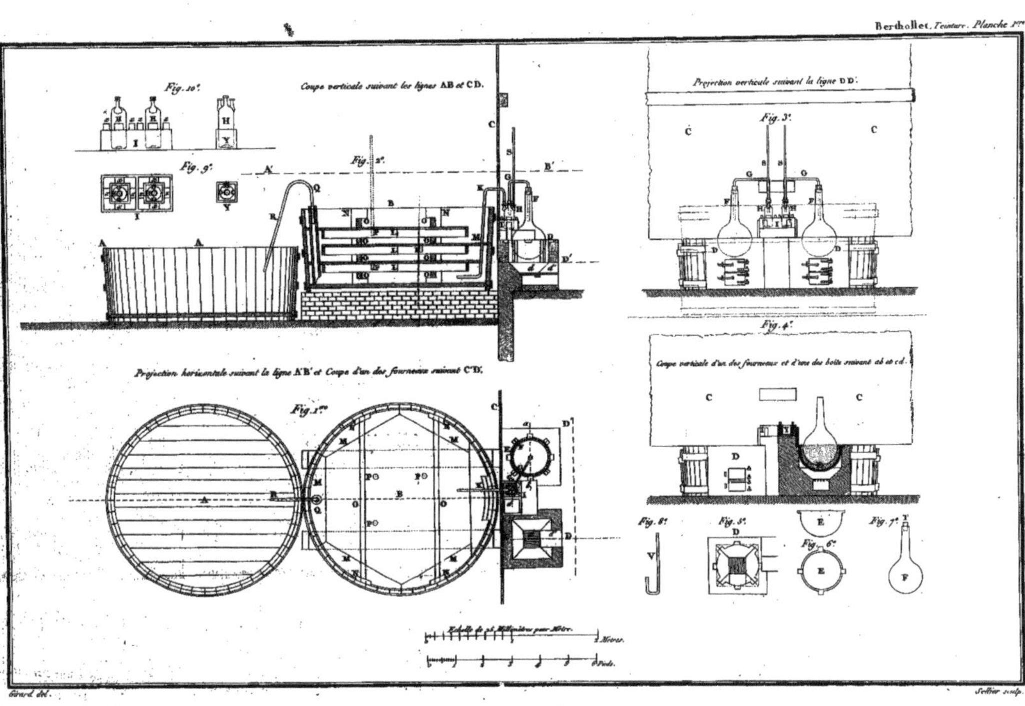

Girard del.
Sellier sculp.

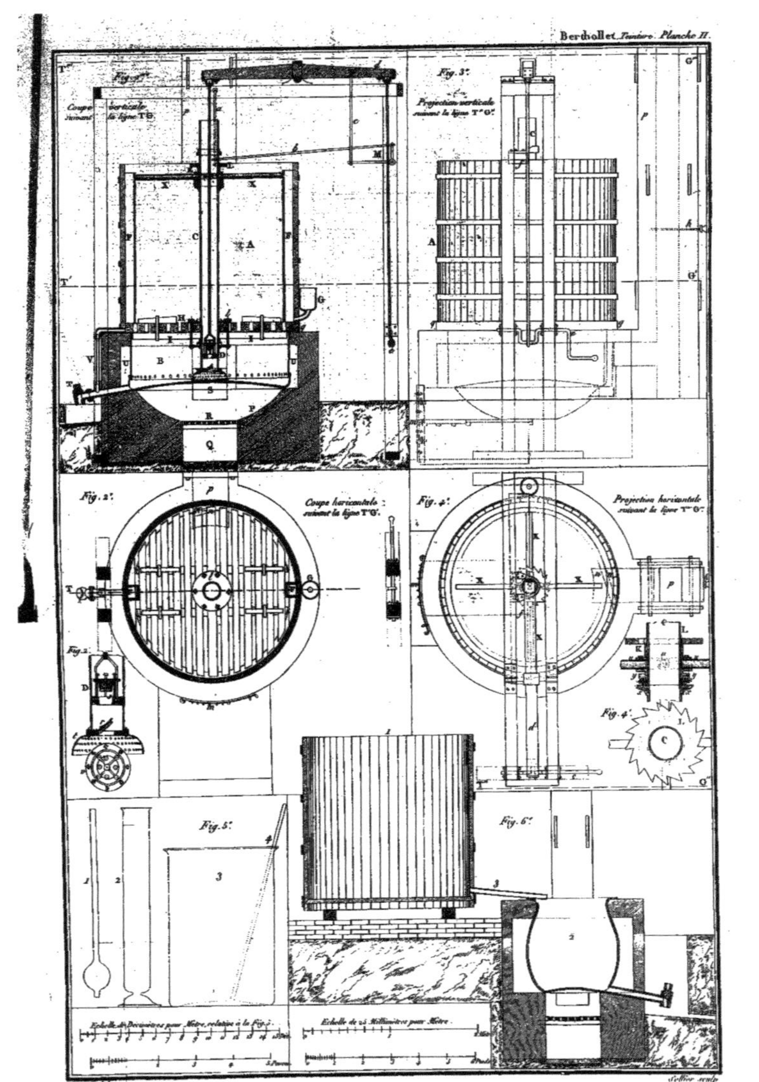
Fig. 1.
Coupe verticale suivant la ligne T G.
Fig. 3.
Projection verticale suivant la ligne T' G'.
Fig. 2.
Coupe horizontale suivant la ligne T' G'.
Fig. 4.
Projection horizontale suivant la ligne T'' G''.
Fig. 5.
Fig. 6.
Echelle de Decimètres pour Mètre, relative à la Fig. 5.
Echelle de 25 Millimètres pour Mètre.
Girard del.
Sellier sculp.

TABLE

DES CHAPITRES

CONTENUS DANS LE SECOND VOLUME.

SECONDE PARTIE.

FIN DE LA TABLE DU SECOND VOLUME.

ERRATA DU TOME Ier.

Page 47, *ligne dernière*, de réaction, *lisez* de réflexion.
Page 232 *et* 233, perasse, *lisez* perlasse.
Page 247, *ligne* 14, délicate, *lisez* dilatée.
Page 256, *ligne* 8, façonner, *lisez* tourner.
Page idem, *ligne* 21, paron, *lisez* parou.
Page 368, de la solubilité, *lisez* de la stabilité.

Addition à la page 208.

Le procédé de Bralle, dont l'efficacité a été constatée au Conservatoire des Arts, sur des chanvres destinés aux cordages et aux toiles à voiles, vient d'être publié par ordre du Gouvernement. Il consiste à tenir le chanvre plongé pendant deux heures dans une eau dans laquelle on a fait dissoudre $\frac{1}{48}$ de savon vert et que l'on maintient à une température de 72 à 75 degrés du thermomètre de Réaumur.

ERRATA DU TOME II.

Page 11, *ligne* 11, détriment, *lisez* detritus.
Page 104, *ligne* 26, *après* promptement, *ajoutez* possible.
Page 112, *ligne* 16, billou, *lisez* billon.

NOTICE DES ÉDITIONS STÉRÉOTYPES

D'APRÈS LE PROCÉDÉ DE FIRMIN DIDOT,

PUBLIÉES JUSQU'AU MOIS DE NIVOSE AN XII (JANVIER 1804).

[Q]ui se trouvent, à Paris, chez { PIERRE DIDOT l'aîné, imprimeur, galerie du Louvre ; FIRMIN DIDOT, libraire, rue de Thionville.

FORMAT IN-18. Prix, en feuilles, papier	vol.	ORDIN. f.	c.	FIN. f.	c.	VÉLIN. f.	c.	Gd VÉL. f.	c.
[L]A FONTAINE. Fables, suivies d'Adonis,	2	1 f.	20	2 f.	c.	6 f.	c.	9 f.	c.
Les mêmes en 1 vol., sans Adonis . .	»	»	75	»	»	»	»	»	»
-Contes.	2	1	20	2	»	6	»	9	»
-Psyché	1	»	60	1	»	3	»	4	50
[Œ]uvres complètes de J. Racine	5	3	75	6	25	15	»	22	50
12 figures gravées sur acier; prix, . .		2	»	2	»	4	»	4	»
[O]des, Cantates, Epîtres, et Poésies diverses de J.-B. Rousseau	2	1	50	2	50	6	»	9	»
[Œ]uvres complètes de Boileau	2	1	50	2	50	6	»	9	»
[T]élémaque	2	1	20	2	»	6	»	9	»
[C]hefs d'œuvre de P. et de T. Corneille. .	4	3	»	5	»	12	»	18	»
[Œ]uvres de Molière	8	5	20	8	»	24	»	36	»
[P]oésies de Malherbe.	1	»	75	1	25	3	»	4	50
[Œ]uvres compl. de VOLTAIRE. Henriade, suivie de l'Essai sur la poésie épique.	1	»	75	1	25	3	»	4	50
-Poëmes et Discours en vers	1	»	75	1	25	3	»	4	50
-Epîtres, Stances, et Odes	1	»	75	1	25	3	»	4	50
-Contes en vers, Satires, et Poésies mêl.	1	»	75	1	25	3	»	4	50
-Théâtre.	12	9	»	15	»	36	»	54	»
43 figures gravées sur acier; prix, . .		8	»	8	»	16	»	16	»
-La Pucelle	1	»	75	1	25	3	»	4	50
-Romans.	3	2	25	3	75	9	»	13	50
-Histoire de Charles XII	1	»	75	1	25	3	»	4	50
-Siecles de Louis XIV et de Louis XV. .	5	3	75	6	25	15	»	22	50
-Histoire de Russie sous Pierre le Grand	2	1	50	2	50	6	»	9	»
[Œ]uvres de Regnard.	5	3	75	6	25	15	»	22	50
[Œ]uvres de Crébillon	3	2	25	3	75	9	»	13	50
[M]aximes de La Rochefoucauld.	1	»	50	»	75	2	»	3	»
[B]OSSUET. Histoire universelle.	2	1	50	2	50	6	»	9	»
-Oraisons funebres.	1	»	75	1	25	3	»	4	50
[O]raisons funebres de Flechier, Mascaron, Bourdaloue, et Massillon.	2	1	50	2	50	6	»	9	»
[P]etit Carême de Massillon.	1	»	75	1	25	3	»	4	50
[M]ONTESQUIEU. De l'Esprit des lois. . . .	5	3	75	6	25	15	»	22	50
-Lettres persanes.	2	1	50	2	50	6	»	9	»
-Grandeur des Romains	1	»	75	1	25	3	»	4	50
[C]onjurations des Espagnols contre Venise, et des Gracques; par S.-Réal . .	1	»	75	1	25	3	»	4	50
[O]bserv. sur l'Hist. de France, p. Thouret.	1	1	20	2	»	4	»	»	»
[H]istoire naturelle de Buffon	74	»	»	148					
LATINS.									
[V]irgilius.	1	»	75	1	25	3	»	4	50
[P]hædri Fabularum libri quinque.	1	»	50	»	50	1	50	2	50
[C]ornelii Nepotis Vitæ imperatorum. . .	1	»	40	»	75	2	»	3	»
[Q]uintus Horatius Flaccus	1	»	75	1	25	3	»	4	50
[S]allustii catilinaria et jugurthina bella. .	1	»	50	»	75	2	»	3	»

ANGLAIS.	Papier vol.	ORDIN.	FIN.	VÉLIN.	GD VÉL.
The Vicar of Wakefield	1	» f. 75 c.	1 f. 25 c.	3 f. c.	4 f. 50 c.
Letters of mylady Wortley Montague	1	» 75	1 25	3 »	4 50
Gay's Fables and Moore	1	» 75	1 25	3 »	4 50
The Sentimental Journey	1	» 75	1 25	3 »	4 50
Idem, traduction française de Paulin Crassous, non stéréotype	3	3 60	6 »	12 »	» »
ITALIEN.					
Aminta di Torquato Tasso	1	» 50	» 90	2 »	3 »
FORMAT IN-12.					
Les Essais de Michel de Montaigne		8 »	16 »	32 »	» »

CODE CIVIL et supplément, avec une table alphabétique des matieres, in-18. 2 vol. broché en un, prix, papier fin, 1 fr. 60 c. -- Papier superfin, 2 fr. 40 c. -- Papier vélin, 4 fr. 25 c.

Le même, in-12, prix, broché, papier fin, 2 fr. 50 c. -- Papier superfin, 3 fr. 25 c. -- Papier vélin, 5 fr. 25 c. -- Grand papier superfin, 5 fr. 50 c. -- Grand pap. vélin, 7 fr.

Le même, in-12, suivi des motifs, rapports, opinions et discours auxquels sa discussion a donné lieu, et d'une table générale des matieres, 8 vol. prix, broché, pap fin, 20 fr. -- Papier superfin, 26 fr. -- Papier vélin, 42 fr. -- Grand papier superfin, 44 fr. -- Grand papier vélin, 56 fr.

Sous presse, pour paroître incessamment.

VOLTAIRE. Commentaire sur Corneille, 4 vol.; Essai sur les mœurs et l'esprit des nations, 8 vol. — Caracteres de la Bruyere et de Théophraste, 2 vol. — Les tomes 71, 72, 73, 74 et dernier de l'histoire des poissons, par Lacépede, complétant l'édition de l'histoire naturelle de Buffon que nous venons de joindre à notre collection stéréotype.

NOTA. Le Commentaire sur Corneille sera divisé en 4 volumes, et selon l'ordre suivi dans l'édition des chefs-d'œuvre de cet auteur, afin qu'on puisse faire relier ensemble, si on le desire, chaque volume du texte avec le Commentaire qui y correspondra.

HISTOIRE NATURELLE DE BUFFON,

Nouvelle édition, revue et continuée par M. LACEPEDE, 74 volumes in-18, imprimée sur beau papier, avec environ 900 planches gravées par Pauquet.

Il en paroît 70 volumes. Les quatre derniers, que l'on *stéréotype* actuellement, et qui complettent l'histoire des poissons par M. Lacépede, paroîtront sous peu.

Pour en faciliter l'acquisition, nous la vendrons par parties séparées, savoir :

Les matieres générales, contenant,	L'histoire des quadrupedes . . . . . 1[illegible]
la théorie de la terre.	L'histoire des oiseaux . . . . 1[illegible]
les époques de la Nature.	L'histoire des quadrupedes ovipares
l'histoire des minéraux.	et des serpents . . . . [illegible]
l'histoire de l'homme, etc. 24 vol.	L'histoire des poissons. . . . . . . 1[illegible]

N. B. Les personnes qui pourroient être retenues par la dépense qu'elles auroient à faire en prenant les 74 volumes à la fois, ou même chacune des parties completes, auront la faculté de les prendre en plusieurs fois et en tel nombre de volumes qu'il leur conviendra. On sera toujours maître de se completter, et on trouvera l'avantage, comme nos autres stéréotypes, de remplacer les volumes qu'on aura pu égarer, avantage inappréciable pour un ouvrage aussi volumineux.

Tables de Logarithmes de Callet, in-8. br. 13 fr. » c.
Tables de Logarithmes de Lalande, in-18 br. 2 50

www.ingramcontent.com/pod-product-compliance
Ingram Content Group UK Ltd.
Pitfield, Milton Keynes, MK11 3LW, UK
UKHW020303230726
13925UKWH00001B/195